CHEMINS DE FER

QUESTIONS

DE

TRACÉ ET D'EXPLOITATION

PAR

M. EUGÈNE FLACHAT

PARIS
LIBRAIRIE SCIENTIFIQUE, INDUSTRIELLE ET AGRICOLE
EUGÈNE LACROIX, ÉDITEUR
LIBRAIRE DE LA SOCIÉTÉ DES INGÉNIEURS CIVILS
QUAI MALAQUAIS, 15

1863

CI
130

CHEMINS DE FER

QUESTIONS

DE

TRACÉ ET D'EXPLOITATION

Paris. — P.-A. BOURDIER et Cie, rue Mazarine, 30
Imprimeurs de la Société des Ingénieurs civils.

CHEMIN DE FER

DU

. .  . . . . ,

PREMIÈRE PARTIE.

§ 1. **Comparaison entre un profil à inclinaison de 15 m/m et un profil à inclinaison de 25 m/m pour la traversée des. . . . . Quelle est l'importance du Trafic à partir duquel se produisent les avantages du profil à faible inclinaison?**

DEUXIÈME PARTIE.

§ 2. **De l'emploi des rails en acier sur les rampes de 25 m/m, considéré comme moyen de simplification du service et d'économie de la traction.**

PAR

M. EUGÈNE FLACHAT

EXTRAIT des *Mémoires de la Société des Ingénieurs civils.*

PARIS

LIBRAIRIE SCIENTIFIQUE, INDUSTRIELLE ET AGRICOLE

EUGÈNE LACROIX, ÉDITEUR

LIBRAIRE DE LA SOCIÉTÉ DES INGÉNIEURS CIVILS

QUAI MALAQUAIS, 15

1863

CHEMIN DE FER

DU

. . . . ,

PREMIÈRE PARTIE.

§ 1. Comparaison entre un profil à inclinaisons de 15 m/m et un profil à inclinaisons de 25 m/m pour la traversée des.. Quelle est l'importance du Trafic à partir duquel se produisent les avantages du profil à faible inclinaison?

DEUXIÈME PARTIE.

§ 2. De l'emploi des rails en acier sur les rampes de 25 m/m, considéré comme moyen de simplification du service et d'économie de la traction.

PAR **M. EUGÈNE FLACHAT.**

EXTRAIT des Mémoires de la Société des Ingénieurs Civils.

PREMIÈRE PARTIE.

SOMMAIRE.

1° Exposé. Projets comparés. Deux tracés étaient possibles : 1° le tracé en exécution par rampe de 15 m/m ; 2° un tracé par rampe de 25 m/m. Hauteur du faîte. Longueur des deux tracés.

2° DÉPENSES COMPARATIVES DE PREMIER ÉTABLISSEMENT DES DEUX PROJETS.

3° RECETTES COMPARATIVES DANS LES DEUX PROJETS. Répartition kilométrique des recettes d'exploitation, et de l'économie de construction sur chacun des tracés. Cas d'une recette kilométrique de 40,000 fr. Cas d'une recette kilométrique de 70,000 fr. Répartition kilométrique des dépenses de l'exploitation dans la comparaison des deux tracés.

4° CALCUL DE L'EFFORT DE TRACTION A DÉVELOPPER POUR CHACUN DES DEUX PROFILS. Choix d'une locomotive. Rampe de 15 m/m. Effort de traction. Trains de voyageurs. Trains de marchandises. Rampe de 25 m/m. Effort de traction. Trains de voyageurs, trains de marchandises.

5° HYPOTHÈSE D'UNE TRACTION SUR RAILS EN ACIER.

6° IMPORTANCE DES TRANSPORTS A EFFECTUER. Poids de l'unité kilométrique, voyageurs et marchandises. Poids brut transporté correspondant au revenu kilométrique ; nombre de trains correspondant au mouvement kilométrique des unités de trafic.

7° APPLICATION DES CONDITIONS CI-DESSUS A LA DÉTERMINATION DES PRIX DE TRACTION AVEC RAMPE DE 15 m/m ET AVEC RAMPE DE 25 m/m. Dépenses comparatives de l'exploitation des deux tracés. Dépenses d'exploitation par train et par kilomètre, sur rampes de 15 et de 25 m/m.

8° APPLICATION DU PRIX DE TRACTION A LA DÉTERMINATION DU CHIFFRE DE RECETTES KILOMÉTRIQUES AUQUEL LE PREMIER TRACÉ A RAMPE DE 15 m/m DOIT ÊTRE PRÉFÉRÉ AU SECOND TRACÉ A RAMPE DE 25 m/m. Première hypothèse. Trafic produisant une recette brute de 40,000 fr. par kilomètre : l'avantage est ici en faveur du tracé par rampe de 25 m/m. Deuxième hypothèse. Trafic produisant une recette brute de 85,000 fr. par kilomètre : les deux tracés sont dans des conditions égales. *Exploitation sur rails en acier.* Hypothèse d'un trafic donnant 40,000 fr. de recette brute par kilomètre : l'avantage est en faveur du tracé par rampe de 25 m/m. Hypothèse d'une recette brute de 85,000 fr. par kilomètre : l'avantage est encore en faveur du tracé par rampe de 25 m/m. Mais à partir de 96,000 fr. de recette brute, il y a égalité de produit net entre les deux tracés.

1° EXPOSÉ.

Le chemin de fer du . . . . est une ligne de premier ordre, appelée à desservir un trafic considérable en hommes et en marchandises.

Il doit être et il est construit dans des conditions qui lui permettent de s'assimiler tous les progrès à attendre de l'avenir, en vitesse de marche et en économie de traction.

Sa longueur, de la capitale à la frontière de . . . , est de 638 kilomètres. Il traverse dans son cours, deux chaînes de montagnes, le. . . . et les . . . . . . On peut le diviser ainsi en cinq sections, à savoir, trois sections de plaines, plateaux et vallées, et deux sections de montagnes.

La traversée de la chaîne du . . . . . . a 68 kilomètres. La hauteur moyenne à franchir est de 385 mètres : c'est une inclinaison moyenne de $0^m,01135$, dont le maximum est de 15 millimètres. Le rayon minimum des courbes est de 400 mètres.

La traversée des . . . . . est de 46 kilomètres; la hauteur à franchir est de 463 mètres que gravit une rampe de 15 millimètres ayant 31 kilomètres de longueur. Le rayon minimum des courbes est de 300 mètres. Le tableau suivant donne du tracé une idée suffisante pour faire comprendre le côté général de la question que nous voulons examiner.

DÉSIGNATION.	SECTIONS de plaine, plateaux, faîtes moyens et vallées.			SECTIONS de montagnes.		
	LONGUEUR.	INCLINAISONS maxima.	COURBES minima.	LONGUEUR.	INCLINAISONS maxima.	COURBES minima.
	kilomètres.	millimètres.	mètres.	kilomètres.	millimètres.	mètres.
De . . . . . . à	50	6	600	»	»	»
De . . . . . . à	»	»	»	68	15	400
D' . . . . . . à	414	10	500	»	»	»
D' . . . . . . à	»	»	»	46	15	300
De . . . . . . à	60	8	400	»	»	»
	524k			114k		
	638 kilomètres.					

Un de nos ingénieurs, celui qui, autant par l'importance des travaux qu'il a exécutés, que par la largeur des vues qu'il apporte dans les questions de chemins de fer, s'est depuis longues années placé au premier rang, visitant la traversée des . . . . . , a exprimé dans les termes suivants une opinion qui, dans sa bouche, a une haute signification.

« En voyant ces immenses travaux, nous n'avons pu nous empêcher de regretter que des conditions de pentes aussi rigoureuses aient été imposées à la Compagnie par son cahier des charges.

« On a voulu franchir les . . . . . avec des rampes et des pentes s'élevant au maximum à $0^m,015$: c'est un beau résultat, facile à obtenir sur le papier, mais difficile à réaliser sur le terrain; en France, le gouvernement, plus intelligent et ayant peut-être aussi, il faut le dire, une plus grande expérience des travaux de ce genre, a admis, dans nos pays de montagnes, des inclinaisons de $0^m,020$ à $0^m,025$, et quelquefois même de $0^m,030$ par mètre, et tout le monde, Gouvernement, Public et Compagnies, s'en est bien trouvé.

« Si des conditions de pentes aussi rigoureuses que celles des cahiers des charges . . . . . nous avaient été imposées, il est probable qu'une partie des chemins en pays de montagnes, qui sont aujourd'hui exécutés ou qui s'exécutent encore en ce moment, n'aurait jamais vu le jour.

« En se plaçant sur le côté de la vallée opposé à celui sur lequel le chemin de fer est situé, peut-être aurait-on pu, avec des rampes de $0^m,020$ et $0^m,025$, éviter en grande partie les difficultés que présente le tracé actuel. »

Nous avons voulu approfondir ces vues et en déterminer les conséquences : c'est l'objet de cette étude; mais ce serait lui donner une importance qu'elle n'a pas que d'attacher à sa conclusion un sens absolu. Les circonstances spéciales ont, toujours en pareil cas, la plus grande part dans la solution adoptée par l'ingénieur. Nous avons voulu seulement planter les jalons d'une direction d'étude dans des circonstances analogues à celle-ci.

La conclusion à laquelle nous avons été conduit, c'est que jusqu'au jour où la traversée des . . . . . produira, en recette brute, 90,000 fr. par kilomètre, un tracé à inclinaisons de 25 millimètres eût été préférable à celui qui est exécuté avec des inclinaisons de 15 millimètres.

Il est peut-être utile de faire remarquer qu'une exploitation sur inclinaisons de 25 millimètres existe déjà sur la grande ligne de Vienne à

Trieste, au passage des alpes Noriques (Semmering), et qu'en conséquence il n'y a rien de nouveau dans les faits techniques qui sont la base de la comparaison que cette étude a pour objet.

Deux tracés étaient possibles : 1° Le tracé actuel par rampe de 15 millimètres. 2° Un tracé par rampe de 25 millimètres. Le chemin de fer du . . . . aurait pu franchir les . . . . . par deux tracés d'inclinaisons différentes sans rien changer aux dispositions du matériel roulant.

L'un, le tracé actuellement en exécution, qui gravit le versant Nord par des inclinaisons de 15 millimètres; l'autre, qui a été l'objet d'études sommaires, et qui aurait pu gravir ce même versant par des inclinaisons de 25 millimètres.

Les motifs pour lesquels le tracé actuel a été préféré ne sont pas puisés dans l'intérêt d'une solution exclusivement et immédiatement économique, et notre but n'est pas d'établir que l'économie immédiate doive, en pareille circonstance, l'emporter exclusivement sur toutes les autres considérations. Notre but est, au contraire, de nous rendre compte de l'influence que l'avenir du développement du trafic doit exercer sur la constitution d'entreprises destinées à desservir, pendant une longue période de temps, une circulation d'hommes et de choses qui tendra d'autant plus à s'accroître qu'elle intéresse un plus vaste territoire, et des relations imposées à la fois par des intérêts industriels, par ceux de la production territoriale, par ceux enfin de la défense du pays.

Le tracé actuel de la traversée des . . . . gravit le faîte du côté du versant Nord, par des inclinaisons de 15 millimètres entre. . . . . et . . . . . . Sa longueur est, sur ce versant, de 35 kilomètres. Il descend, sur le versant du Midi, d' . . . . . à . . . . . , par des inclinaisons de 10 millimètres, et sa longueur, sur ce versant, est de 10 kilomètres.

Il en résulte que dans le profil actuel, comme dans l'hypothèse d'un profil à inclinaisons de 25 millimètres, le tracé du chemin de fer sur le versant du Midi serait identique. Nous n'avons donc pas à nous en occuper.

Les deux tracés à comparer ne gravissent pas le versant du Nord par la même direction. Le tracé actuel se dirige de . . . . . à . . . . . par . . . . et . . . . , l'autre se fût dirigé sur . . . . . par . . . . et . . . . .

Hauteur du faîte. Longueur des deux tracés. Le sommet du faîte, à la sortie Nord du souterrain, est au-dessus du niveau de la mer de 610m,25

La station de . . . . . est à. 147m,25

La différence de. 463m,00

est rachetée, dans le tracé actuel, par 31 kilomètres de rampes de 15 millimètres, et la longueur totale de ce tracé est de 35 kilomètres.

Dans l'hypothèse d'un profil à inclinaisons de 25 millimètres, la différence de niveau eût exigé 18k,5 de rampes de 25 millimètres; et, par suite de la disposition des lieux, la longueur du tracé eût été de 20 kilomètres.

C'est donc un tracé de 35 kilomètres de longueur, avec rampes de 15 millimètres, qui s'exécute en ce moment, et que nous allons comparer avec un tracé de 20 kilomètres avec rampes de 25 millimètres, qui eût pu être exécuté.

Cette comparaison doit porter sur tous les éléments de la dépense et du revenu, à savoir, sur les intérêts du capital d'établissement, et sur le produit net de l'exploitation dans les deux hypothèses.

2° DÉPENSES COMPARATIVES DE PREMIER ÉTABLISSEMENT DES DEUX PROJETS.

La dépense d'établissement du tracé actuel, la voie, le matériel, et les frais généraux compris, est comptée à 1,015,000 francs par kilomètre, soit pour 35 kilomètres en construction. . . . . 35,525,000 fr.

La dépense d'établissement du tracé par . . . . . et . . . . . (rampe de 25 millimètres) doit être comptée également à 1,015,000 francs par kilomètre, soit pour 20 kilomètres. . . . . 20,300,000 fr.

Différence dans la dépense d'établissement des deux tracés. . . . . 15,225,000 fr.

On pourra éprouver quelque surprise que nous portions au même chiffre la dépense d'établissement par kilomètre de deux tracés d'inclinaisons différentes.

Dans la traversée des montagnes, le profil qui se rapproche le plus du thalweg des vallées d'accès aux cols affecte toujours la plus forte inclinaison. C'est aussi celui qui se rapproche le plus de la ligne droite, et qui néanmoins rencontre le sol le moins accidenté. C'est pour cela que le tracé des premiers chemins faits par les hommes ou par les animaux suit le fond des vallées, tant que l'inclinaison du thalweg le permet.

Plus un tracé est élevé sur le versant d'une montagne, plus il rencontre de désordre dans la configuration du sol; les souterrains, les viaducs ou les remblais se succèdent, malgré les courbes qu'il subit pour affaiblir l'importance de ces travaux. Mais s'il peut se poser sur les alluvions du fond de la vallée, il reste pour ainsi dire étranger aux grandes perturbations naturelles du sol qui l'environne.

Nous n'avons donc fait la concession qui précède que pour ne pas laisser d'incertitude en introduisant dans nos comparaisons un chiffre hypothétique.

Nous avons également cédé en ceci à des considérations techniques, motivées par les circonstances locales. Le fond de la vallée dont il aurait fallu se rapprocher est composé d'un mélange de détritus argileux et de terres meubles dont le talus naturel tend, sous l'influence des pluies, à se rapprocher de celui des terres fluides. Ce terrain repose en outre sur des plans inclinés, qui deviennent, par suite des infiltrations des eaux pluviales, des plans de glissement. Sans aucun doute, cette nature d'obstacles est d'autant moins à craindre que le tracé est plus à fleur du sol, ce qui a lieu quand l'inclinaison du profil est la même que celle du thalweg de la vallée. Mais ce n'eût pas été ici le cas, l'inclinaison du thalweg étant de beaucoup supérieure à 25 millimètres. Le tracé eût donc été, dans ce cas comme dans l'autre, porté sur les versants, et bien qu'à une moindre hauteur que le tracé de 15 millimètres, il eût encore rencontré une partie des obstacles que ce dernier est obligé de surmonter.

Enfin, il y a une part à faire à l'accroissement de solidité de la voie, qui même avec l'emploi du matériel ordinaire doit être d'autant plus résistante que la rampe est plus forte.

En partant du même coût kilométrique, la différence, ou si on veut, l'économie dans les frais d'établissement du tracé par rampe de 25 millimètres, sur le tracé par rampe de 15 millimètres en exécution, eût donc été de 15,225,000 francs, ce qui, au taux d'intérêt et d'amortissement de 6 p. 100, constitue une somme annuelle de 913,500 fr. dont est grevé le tracé actuel.

Mais comme ce tracé a 15 kilomètres de longueur de plus, sur lesquels les tarifs sont perçus comme sur le reste du chemin; comme, d'un autre côté, l'exploitation sera moins coûteuse sur un profil à inclinaison de 15 millimètres qu'elle ne le serait sur une inclinaison de 25 millimètres, l'économie sur la dépense de construction en faveur de la forte rampe n'est plus aussi apparente; elle ne peut résulter que d'un ensemble de données qu'il convient d'étudier séparément.

3° RECETTES COMPARATIVES DANS LES DEUX PROJETS.

Répartition kilométrique des recettes d'exploitation, et de l'économie de construction sur chacun des tracés. De ce que les tarifs étant appliqués à la distance, la recette s'opère, dans le premier tracé, par rampe de 15 millimètres, sur 35 kilomètres, tandis que dans le second cas, celui du tracé par rampe de 25 millimètres, la recette ne s'opérerait que sur 20 kilomètres, on déduit le rapport comparatif des recettes sur les deux tracés; et nous ferons entrer, en conséquence, dans la comparaison, une recette sur 1,750 mètres par le tracé à rampe de 15 millimètres, contre une recette sur 1,000 mètres par le tracé à rampe de 25 millimètres [1].

Mais si, au point de vue des produits bruts, il faut comparer la recette à faire sur 1,750 mètres du tracé par rampe de 15 millimètres, à celle à attendre de 1,000 mètres sur le tracé à rampe de 25 millimètres, il faut, par contre, allouer en recette aux 20 kilomètres par rampe de 25 millimètres, en sus de leur recette propre, l'économie annuelle de 913,500 fr., qui est faite sur la construction, c'est-à-dire $\frac{913.500}{20} = 45,675$ francs par kilomètre.

Le calcul est ici trop absolu en faveur de la faible rampe, car toute augmentation du prix de transport éloigne une certaine part du trafic, et en conséquence tout allongement du chemin tend à éloigner le trafic, si le tarif est perçu proportionnellement à la distance. Nous ne nous sommes cependant pas arrêté à cette considération pour ne rien admettre de vague dans nos appréciations.

Cas d'une recette kilométrique de 40,000 *francs.* Soit, par exemple, le revenu kilométrique de 40,000 francs, il faudra comparer ce revenu recueilli sur 1,750 mètres (rampe de 15 millimètres), c'est-à-dire

1. 20 : 35 :: 1000 : 1750.

40,000 × 1,750 = 70,000 francs, au revenu sur 1 kilomètre (rampe de 25 millim.), soit. . . . . 40,000 fr.

augmenté de $\frac{913.500}{20}$ 45,675

Total. . . . . 85,675 fr.

De telle sorte que, toutes choses égales d'ailleurs, le tracé par rampe de 25 millimètres aura sur l'autre, par le fait seul de l'économie d'établissement, un avantage par kilomètre de 15,675 francs.

Cas d'une recette kilométrique de 70,000 *francs*. Si la recette par kilomètre est de 70,000 francs, il reviendra au tracé de 35 kilomètres par rampe de 15 millimètres, comparé au tracé de 20 kilomètres par rampe de 25 millimètres, 70,000 × 1,750 = ... 122.500 fr.
et au tracé par rampe de 25 millimètres, 70,000 + 45,675 = 115,675

L'avantage, quant aux dépenses d'établissement comparées au revenu brut, sera cette fois en faveur du tracé de 35 kilomètres sur celui de 20 kilomètres, et par kilomètre de. . . . 6,825 fr.

En effet, au moment où le revenu kilométrique, augmenté dans le rapport des longueurs, serait égal au revenu kilométrique augmenté de l'intérêt de l'économie sur la construction du tracé le plus court, le choix entre les deux tracés deviendrait indifférent s'il n'y avait pas lieu de tenir compte des frais d'exploitation.

La formule qui donne le chiffre de la recette kilométrique pour laquelle il y a égalité entre les deux tracés de 15 m/m et de 25 m/m, en ne faisant intervenir que l'intérêt de l'argent et la différence des longueurs, est $x \times 0,75 = 45675$, d'où $x = 60,900$ fr., c'est-à-dire que la recette kilométrique à partir de laquelle le tracé à 15 m/m serait le plus avantageux est de 60,900 fr.

Ainsi l'avantage cesserait pour la plus forte rampe, quand le produit net par kilomètre serait $\frac{45675}{0,750} = 60,900$ fr.

La proposition qui précède serait encore vraie si les dépenses d'exploitation étaient égales dans les deux cas.

Rappelons cependant que, toutes choses égales d'ailleurs, le trafic sera plus considérable sur un chemin de 20 kilomètres que sur un chemin de 35 kilomètres, le mouvement étant en raison de l'abaissement du prix de transport.

Nous verrons plus loin comment les dépenses d'exploitation modifient ces résultats; mais il est facile de reconnaître qu'à mesure que le revenu kilométrique s'élève, l'avantage tend à se porter sur le tracé par faibles inclinaisons.

Cette conséquence était facile à prévoir; elle s'explique par l'action combinée de la différence des parcours, de l'égalité des tarifs, quelles que soient les inclinaisons, et du coût comparatif de la construction et de l'exploitation.

Examinons maintenant comment les dépenses d'exploitation doivent entrer dans la comparaison qui nous occupe.

Répartition kilométrique des dépenses d'exploitation dans la comparaison des deux tracés. La conséquence de la différence de longueur des deux tracés est que, dans le cas du tracé par rampe de 15 millimètres, les dépenses d'exploitation s'appliquent, comme les recettes, à une étendue de 1,750 mètres, et à un kilomètre seulement du tracé par rampe de 25 millimètres.

Pour établir la dépense d'exploitation, il faut d'abord déterminer l'importance du mouvement qui correspond à un revenu donné, et la manière de desservir ce mouvement sur la rampe de 15 millimètres et sur celle de 25 millimètres. En outre, et pour partir de données aussi exactes que possible, il faut supposer, dans les deux cas, le mouvement desservi par les machines les mieux appropriées au service des rampes et au matériel roulant.

4° CALCUL DE L'EFFORT DE TRACTION A DÉVELOPPER POUR CHACUN DES DEUX PROFILS. — CHOIX D'UNE LOCOMOTIVE. — RAMPES DE 15 MILLIMÈTRES.

Traction. Trains de voyageurs. Nous avons adopté les bases suivantes :

Sur la rampe de 15 millimètres, la machine doit être assez puissante pour remorquer, sans besoin de renfort, un train de 22 voitures de voyageurs, pesant 209 tonnes, soit $9^t,5$ par voiture; l'effort de traction sera, dans ce cas, à la vitesse de 25 kilomètres, de $15^k + 6^k,25$ [1], soit :

1. En faisant une part de $6^k,25$ aux diverses résistances que le train oppose à l'effort de la machine, nous allouons plus de 2^k pour la résistance de l'air, qui, à la vitesse de 25 kil. par heure, n'influe d'une manière sensible, sur la marche du train, que dans le cas d'un

21k,25 × 209 tonnes = ... 4,441 kilog.
auquel il faut ajouter l'effort qu'exige la machine pour son propre poids (57t,6 × 21k,25) = ... 1,224

Total de l'effort de traction. . . . . 5,665 kilog.

Un train de voyageurs de 22 voitures n'est pas un train ordinaire; il se présentera rarement dans les jours d'hiver; mais, dans la saison des voyages, il pourra se présenter souvent, et, pour partir de la base la plus large, nous devons admettre que ni l'influence d'une rampe de 15 millimètres, ni celle d'une rampe de 25 millimètres, ne doivent conduire, soit à une réduction dans la charge des trains sur les autres parties de la ligne, soit à une division des trains au pied de la rampe.

L'effort de traction nécessaire étant connu, il s'agit de choisir dans le matériel des chemins de fer la machine qui peut le produire.

Il faut pour produire un effort de traction donné :

1° Une surface de chauffe suffisante pour maintenir cet effort aux vitesses exigées par le service;

2° Un poids adhérent suffisant pour que la résistance au glissement produite à la circonférence des roues ne permette pas le patinage.

Nous partons dans cette étude des bases suivantes que nous avons justifiées ailleurs :

Un mètre carré de surface de chauffe peut maintenir, à la vitesse de 25 kilomètres, un effort de traction de 40 kilogrammes.

Le poids servant à l'adhérence ne doit pas, dans nos climats, descendre

état exceptionnel de l'atmosphère. Nous n'avons pas tenu compte au delà de 2 kilog. de la résistance dans les courbes, parce qu'elles sont habituellement franchies par la vitesse acquise dans les alignements; qu'elles existeraient sur les deux tracés et qu'elles sont plus nombreuses sur la faible inclinaison que sur la forte rampe. Les ingénieurs anglais comptent, d'une manière empirique, un accroissement d'un pour cent de l'effort de traction par chaque degré de la courbe occupée par le train. Ils portent l'ensemble des résistances dues aux courbes de faibles rayons et à un vent très-violent à 50 0/0 de la résistance due aux autres causes. C'est très-exagéré. M. Forquenot a fait des expériences qui se rapportent exactement aux exemples cités ici. Il a mesuré l'effort de traction de trains de 42 wagons marchant à la vitesse de 23 kilomètres. L'effort de traction pour le train a été, avec le graissage à l'huile, de 3 kilog. 92 par tonne. Il compte l'effort spécial à la machine à 6 kilog. par tonne. Un train de 20 wagons de houille pesant, machine comprise, 257 tonnes, lui a donné, sur rampe de 15 m/m, et dans les courbes de 300 mètres, un effort supplémentaire, attribuable à la courbe de 3 kilog. 90 par tonne. (*Voir note A.*)

au-dessous de $6^k,5$ pour 1 kilogramme d'effort de traction, et il convient de se tenir au-dessus pour le service des voyageurs.

Nous sommes enfin autorisé à admettre que l'état climatérique est, dans la traversée des . . . . . , plus favorable à l'adhérence que celui du nord de la France; cela s'explique par la latitude et par le peu de hauteur du col (610 mètres) au-dessus du niveau de la mer[1].

D'après ces bases, la machine qui enlèvera le train de 209 tonnes sur la rampe de 15 millimètres, à une vitesse de 25 kilomètres à l'heure, sera le type du Nord à 6 essieux couplés par groupe de trois : à 4 cylindres, et dont le poids moyen est de 54 tonnes.

La surface de chauffe de cette machine (209 m. c.) permet un effort de traction de 8,360 kilogrammes, correspondant à 40 kil. par mètre carré, tandis qu'il ne lui serait demandé ici qu'un effort de 5,665 kil., correspondant à 27 kil. par mètre carré de cette surface.

Le poids servant à l'adhérence sera, proportionnellement à la résistance, de $9^k,6$ pour 1 kil. d'effort de traction ($54,000^k/5,665^k$). Il pourrait n'être que de $6^k,5$ pour 1 kil. d'effort de traction, car c'est la proportion admise au Semmering sous l'influence d'un climat bien autrement brumeux.

Une semblable machine ne nécessiterait pas le concours d'une machine de renfort; cependant, pour nous placer en dehors de toute éventualité, nous admettons l'existence d'un dépôt au bas de la rampe, et un parcours, par la machine de renfort, d'un huitième de la circulation des trains de voyageurs.

Trains de marchandises. Dans le service des marchandises, un train de 400 tonnes se présentant au pied de la rampe de 15 millimètres, pour la gravir, exigera un effort de traction de $400 \times 21,25 = 8,500$ kilogr., et sans tenir compte des courbes de faible rayon, 400 tonnes $\times$ $19^k,25$ $(15 + 4,25) = 7,700$ kilogr.

L'effort de 8,500 kilogrammes est celui que peut exercer la machine du Nord. Le poids, servant à l'adhérence, étant supposé de $6^k,35$ pour 1 kil. d'effort de traction, 54,000/8,500; mais comme la machine exige pour elle-même un effort de traction de 1,225 kilogr., il ne reste plus disponible, pour remorquer le train, que 7,275 kilogr., correspondant à la

1. Le point le plus élevé du Semmering est à 892 mètres au-dessus du niveau de la mer à Trieste, et l'adhérence y est employée à 6 kil. 6 pour un kilog. d'effort de traction.

traction d'un train de 342 tonnes. Dans le second cas, celui de l'effort calculé à 19k,25, il resterait disponible, pour le train, 7,900 kilogrammes, correspondant à 385 tonnes.

Des trains de 400 tonnes se présenteront rarement, surtout dans la direction du Nord au Sud, qui est la seule où existe la rampe de 15 millimètres. La moitié de la circulation, dans le sens du plus grand mouvement, ne nécessitera donc que l'usage des freins. Cependant comme, dans le cas de trains de 400 tonnes, la limite de la puissance de la machine est plus rapprochée que d'ordinaire de la résistance que lui oppose le train, il faut faire une part plus forte que dans le cas précédent à la machine de renfort.

Nous avons donc admis, pour le parcours de cette machine, un cinquième de la circulation des trains de marchandises sur la rampe de 15 millimètres.

Cette part d'un cinquième exprime en réalité toute autre chose qu'un renfort appliqué au cinquième des trains. Nous avons vu que les trains venant du Sud n'auront qu'à descendre la rampe de 15 millimètres; ce sont donc les seuls trains venant du Nord et dépassant 350 tonnes qui pourront réclamer l'assistance de la machine de renfort. En admettant un sur cinq, cela ne constituerait que le dixième de la circulation *en charge*. Mais comme la machine de renfort devra redescendre la rampe, nous avons dû supposer pour elle le cinquième de la circulation totale.

Rampe de 25 millim. — Traction.

Trains de voyageurs. Sur la rampe de 25 millimètres, nous avons supposé l'emploi de la même machine à 6 essieux couplés par trois, type du Nord.

Le train de voyageurs de 22 voitures, pesant 209 tonnes, exigera un effort de traction de $(25 + 6^k,25) = 31^k,25 \times 209$ tonnes. . 6,530 kilog.
plus celui de la machine pour son propre poids, $57^t6 \times$
$31^k,25 =$ 1,800

Soit un effort de traction total de. . . . . 8,330 kilog.

Cet effort correspond à la puissance de la machine en ne lui laissant, comme poids servant à l'adhérence, que $6^k,4$ pour 1 kil. d'effort de traction. Or il convient de se ménager, pour les trains de voyageurs, un poids adhérent d'environ 8 kilogrammes pour 1 kilogr. d'effort de traction. La machine de renfort serait donc nécessaire pour tous les trains s'ils étaient composés de 22 voitures; mais il n'en sera pas ainsi, quel que soit le produit brut du chemin.

Nous ferons la part la plus large en supposant que le parcours de la machine de renfort sera du tiers de la circulation totale des trains, en rappelant l'observation que nous avons faite plus haut, que le mouvement sur le Midi sera en descente sur le versant Nord.

Trains de marchandises. Un train de marchandises de 400 tonnes exigerait, sur la rampe de 25 millimètres, un effort de traction de 400 × 31k,25 = 12,500 kilogrammes.

Nous avons vu que la machine à 6 essieux couplés par trois dispose, à 6k,5 de poids adhérent pour 1 kilogr. d'effort de traction, d'un effort de traction de $\left(\frac{54,000}{6,5}\right)$ = ... 8,300[1] kil.

dont à déduire l'effort appliqué au propre poids de la machine (57,6 × 31k,25) = ... 1,800

reste disponible pour le train. . . . . 6,500 kil.

Deux machines donneront donc un effort de traction applicable au train, de 13,220 kilogrammes.

Les trains de 400 tonnes ne devront se présenter que rarement, même dans le cas d'un produit kilométrique très-élevé, nous supposerons cependant ici, pour la machine de renfort, un parcours des deux tiers de la totalité des trains.

5° HYPOTHÈSE D'UNE TRACTION SUR RAILS EN ACIER.

Dans les données qui précèdent sur le service de traction des trains sur rampes de 15 et de 25 millimètres, nous sommes parti des relations ordinaires entre le poids des machines et la solidité de la voie.

Il est presque inutile de faire remarquer l'extrême simplification qui résulterait de l'application des vues que nous avons émises ailleurs

1. Cet effort mesuré sur la surface de chauffe est égal à 40 kil. par mètre carré; on compte 46 kil. au Semmering.

sur la nécessité de mettre la voie en relation avec l'effort de traction, en combinant la solidité de celle-ci avec la puissance des machines.

Nous donnant, pour condition expresse du système d'exploitation d'un passage de montagne, que les rampes doivent être franchies par les machines *sans division des trains*, nous avons fait correspondre aux divers efforts de traction une certaine puissance de machine qui ne peut être à présent obtenue qu'au moyen de l'emploi partiel de machines de renfort et nous avons adopté les données suivantes :

RAMPES.	TRAINS.	EFFORT de traction.	POIDS servant à l'adhérence.	PROPORTION de l'emploi de la machine de renfort	NOMBRE d'essieux de la machine.	POIDS de la machine par essieu.
millimètres.		kilogrammes.	kilogrammes.			tonnes.
15	209t voyageurs.	5,665	54,000	+ 1/8	6	9
15	400t marchandises.	8,500	54,000	+ 1/5	6	9
25	209t voyageurs.	8,330	54,000	+ 1/5	6	9
25	400t marchandises.	12,500	54,000	+ 2/3	6	9

Dans trois cas de ce système, l'emploi de la machine de renfort est une nécessité pour les trains complets.

Mais en construisant la voie en rampe de 25 millimètres, avec des rails en acier dont la surface de roulement et la solidité seraient en proportion avec l'accroissement du poids et la puissance des machines, on peut supprimer la machine de renfort pour les trains les plus pesants; on peut, même, mieux proportionner le poids adhérent à l'effort de traction [1].

C'est ce qui résulte des bases suivantes :

Admettons : 1° Pour la puissance des machines, 1^{m2} de surface de chauffe pour 36 kilogrammes d'effort de traction; 8 kilogr. de poids adhérent pour 1 kilogr. d'effort de traction. 2° Pour la voie, des rails en acier ayant, par leur surface de roulement, par leur poids et par

1. L'usage de rails en acier conserverait encore tous ses avantages dans le cas de l'emploi de deux machines, l'une en tête, l'autre en queue, pour la traction des trains pesants et longs. Ce système de traction est, nous l'expliquons plus loin, préféré par quelques ingénieurs, et l'expérience n'a pas prononcé contre lui, quant à la sécurité et à la régularité du service.

leur hauteur, une résistance proportionnelle au poids des machines qui variera de 12 à 18 tonnes par essieu.

RAMPES.	TRAINS.	EFFORT de traction.	POIDS servant à l'adhérence.	POIDS sur chaque essieu.	NOMBRE d'essieux de la machine.	SURFACE de chauffe.	MÉTAL des rails.	POIDS des rails par mètre linéaire.
m.		kilogrammes.	kilogrammes.	tonnes.		mèt. carr.		kilogr.
15	voyageurs. 209t	5,665	45,300	10 à 12	4	190	fer.	38
15	marchandises. 400t	8,500	68,000	10 à 12	6	285		
25	voyageurs. 209t	8,330	66,500	17	4	280	acier.	82
25	marchandises. 400t	12,500	100,000	17	6	333		

Le tableau précédent donne l'application des bases adaptées aux efforts de traction nécessaires pour remorquer des trains de voyageurs de 209 tonnes, et des trains à marchandises de 400 tonnes sur des inclinaisons de 15 et de 25 millimètres.

Ainsi, dans l'hypothèse des rails en acier, l'exploitation pourra se faire sans machine de renfort, et la différence dans la dépense d'exploitation comparée à celle d'un chemin de niveau sera limitée à un surcroît de dépense de combustible et d'entretien de la machine, et à l'intérêt du capital représentant l'emploi des rails en acier au lieu de fer.

Nous traduirons cette hypothèse en chiffres dans les calculs des dépenses d'exploitation qui vont suivre.

Mais nous ferons remarquer qu'en prenant pour règle des systèmes d'exploitation que les trains ne doivent pas être divisés, si cela est possible, pour franchir les rampes, nous introduisons plutôt une méthode de calcul qu'une règle absolue. En effet, trois méthodes sont en usage et sont préférées par les ingénieurs qui les pratiquent. Nous n'avons nullement la prétention de les juger ici. Une Compagnie des plus puissantes a adopté, en principe, l'usage pour les fortes rampes, de deux machines, l'une en tête, l'autre en queue du train. Cette dernière est plus faible que la première. Ce procédé a pour lui la sanction de l'expérience de plus d'une année. Cette Compagnie avait reconnu les plus graves inconvénients de service à la division des trains qu'elle a pratiquée longtemps et à laquelle elle a dû renoncer.

Cela n'est d'ailleurs appliqué qu'aux trains de marchandises.

Une autre Compagnie, celle qui exploite le Semmering, a adopté le système de la division des trains. Cela lui a permis de ne pas changer les attelages, d'éviter les pertes de forces qui résultent de l'accroissement notable de l'effort de traction qu'un train long peut éprouver dans les courbes de faible rayon.

Au Semmering, chaque train est divisé au pied de la rampe, à Gloggnitz et à Mürzzuschlagg; la seconde partie part 10 minutes après la première, et la troisième suit la seconde après un intervalle nouveau de 10 minutes.

6° IMPORTANCE DES TRANSPORTS A EFFECTUER.

Il convient maintenant de rapprocher l'organisation du service de traction, que nous venons de supposer sur les rampes de 15 et de 25 millimètres, de l'importance des transports à desservir. Pour cela il faut se rendre compte du mouvement qui correspond, sur un chemin de fer, à une recette donnée.

Nous prendrons pour exemple les recettes de 40,000 fr. et de 85,000 fr. par kilomètre.

Une recette kilométrique se traduit en mouvement de transports par l'application du tarif moyen à la circulation. S'il s'agit des personnes, on trouve que les tarifs de 10 c., 7^c, 5 et $5^c,5$, appliqués au nombre distinct des voyageurs de chaque classe, donnent un produit moyen de $6^c,4$ par voyageur et par kilomètre.

Le produit moyen des tarifs sur les marchandises est de 7 centimes par tonne.

Si on suppose le nombre des voyageurs à un kilomètre, égal au nombre de tonnes de marchandises à 1 kilomètre, l'unité des transports sera représentée en recette par $\frac{6^c,4 + 7^c}{2} = 6^c,7$.

Une recette de 40,000 fr. par kilomètre représentera en conséquence 597,014 de ces unités transportées sur un kilomètre.

Une recette de 85,000 francs en représentera 1,268,655.

Déterminons le poids de ces unités :

Poids de l'unité kilométrique. Voyageurs et marchandises. Quant aux personnes, la statistique constate un transport moyen de 11 voyageurs par voiture. Le poids moyen d'une voiture étant de 6,200 kilogrammes, cela donnera pour le poids brut d'un voyageur, qui lui-même pèse 70 kilog., bagages à la main compris $\frac{1}{11}$ $(6{,}200^k + 770) = \frac{6{,}970}{11} = 633$ kil.

Pour les marchandises, il ressort également des documents statistiques, que le chargement moyen d'un wagon est de 4 tonnes; que ce wagon pèse en moyenne 4,200 kilogrammes, et que le poids brut, correspondant à une tonne de poids net en marchandises, ressort à :

$$\frac{1}{4}\,(4{,}000^k + 4{,}200) = \frac{8{,}200^k}{4} = 2{,}050 \text{ kil.}$$

Si donc nous prenons pour point de départ une égale circulation des personnes et des choses, ce qui se rapproche suffisamment de la vérité, l'unité kilométrique sera en poids :

$$\frac{1}{2}\,(633^k + 2{,}050) = \frac{2{,}683}{2} = 1{,}341 \text{ kilogrammes.}$$

Poids brut transporté, correspondant au revenu kilométrique. Une recette kilométrique de 40,000 francs donnera donc, en poids, un mouvement kilométrique de $597{,}500 \times 1^t{,}342 = 800{,}000$ tonnes.

Une recette de 85,000 fr. donnera $1{,}270{,}000 \times 1^t{,}341 = 1{,}710{,}000$ tonnes.

Nombre des trains correspondant au mouvement kilométrique des unités de trafic. Comment ce mouvement se répartira-t-il? C'est-à-dire en combien de trains sera-t-il divisé?

Les documents statistiques établissent qu'une recette kilométrique de 70,000 francs équivaut à un mouvement journalier de 28 trains (Lyon), soit 10,200 trains par an, et à un poids moyen de $\frac{1{,}400{,}000^t}{10{,}200} = 137$ tonnes par train; et que la recette de 40,000 fr. équivaut à un mouvement journalier de 16 à 18 trains (Midi), soit 5,900 trains par an, et à un poids moyen de $\frac{800{,}000}{5{,}900}$ tonnes $= 135$ tonnes par train.

Nous ferons remarquer que les nombres 10,200 et 5,900 trains, fournis par la statistique, sont exactement proportionnels aux recettes kilométriques 70,000 et 40,000 francs, ce qui nous permet d'étendre à notre calcul le rapport 85,000 : 40,000, et d'admettre pour la recette kilométrique de 85,000 fr. une circulation de 12,400 trains de 135 à 137 tonnes[1].

1. 70,000 : 40,000 :: 10,200 : 5,900.
85,000 : 40,000 :: 12,400 : 5,900.

Il ressort des chiffres qui précèdent, que l'organisation du service, prévue sur les rampes de 15 et de 25 millimètres, satisferait aux éventualités les plus larges en ce qui concerne le poids des trains qui auront à gravir ces rampes, puisqu'au lieu d'un poids moyen de 135 tonnes, nous avons supposé l'ascension, sur les rampes, de trains de 210 tonnes pour les voyageurs, et de 400 tonnes pour les marchandises.

Après avoir déterminé l'importance du mouvement des transports, il reste à établir le coût comparatif de l'exploitation des deux tracés.

7° APPLICATION DES CONDITIONS CI-DESSUS A LA DÉTERMINATION DU PRIX DE TRACTION AVEC RAMPE DE 15 MILL. ET AVEC RAMPE DE 25 MILL.

Dépenses comparatives de l'exploitation des deux tracés. Les éléments de la dépense d'exploitation en elle-même sur les rampes et en plaine devront différer pour certains chapitres.

Ce seront, par exemple, la consommation du combustible, l'entretien et le graissage des machines, l'usure des freins et le personnel pour les manœuvrer, l'entretien et la surveillance de la voie, la part de la machine de renfort, et une part d'intérêt du capital résultant de la différence de vitesse et de la différence d'étendue des parcours sur les rampes comparées.

Les éléments de dépenses qui pourront rester semblables à ceux des autres parties de la ligne, seront : les frais d'administration centrale, de mouvement (personnel, gares, etc.), les dépenses de personnel des mécaniciens et chauffeurs, et des dépôts autres que celui des machines de renfort; l'entretien et le graissage des wagons et voitures, et les frais de traction autres que ceux énoncés ci-dessus.

Dépenses d'exploitation par train et par kilomètre, sur rampes de 15 et de 25 millimètres. D'après cette distinction, nous établissons comme suit les dépenses d'exploitation par train et par kilomètre sur les rampes de 15 et de 25 millimètres, le revenu brut étant de 40,000 francs par kilomètre.

DÉPENSE PAR TRAIN A 1 KILOMÈTRE.

	Rampe de 15 mill.		Rampe de 25 mill.	
	voyageurs.	marchand.	voyageurs.	marchand.
1° *Administration centrale*..................	0f,260	0f,260	0f,260	0f,260
Ce chiffre est emprunté au chemin de fer du Midi, qui, pour une recette de 38,500 fr. par kilomètre, dépense 0f,26c.				
Il s'abaisse sur le chemin de fer du Nord à 0f,10c, à cause de l'importance de la recette totale.				
2° *Mouvement.* Le coût de l'exploitation du chemin de fer du Midi, en dehors des services techniques, peut s'appliquer ici..............	0,954	0,954	0,954	0,954
3° *Personnel des bureaux du matériel : de la traction et des dépôts : mécaniciens et chauffeurs, nettoyage et éclairage des machines : eau et divers.*	0,295	0,295	0,295	0,295
Ce chiffre, emprunté au chemin de fer du Midi, se subdivise comme suit :				
Services centraux.................... 0f,023				
Mécaniciens et chauffeurs............ 0 ,163				
Dépôts (personnel)................... 0 ,040				
Graissage, éclairage, nettoyage des machines.......................... 0 ,043				
Eau.................................. 0 ,019				
Dépenses diverses aux dépôts......... 0 ,007				
0f,295				
4° *Entretien et graissage des voitures et wagons.*	0,400	0,400	0,400	0,400
Cet entretien coûte sur le chemin de fer du Midi 0f,159. Nous n'avons pas cru utile de distinguer les frais d'entretien des voitures de grande vitesse, de ceux des wagons de petite vitesse. Cela eût été bien difficile d'abord, et ensuite, sans application à la question dont l'examen nous occupe. Nous nous sommes contenté de les élever au-dessus du chiffre ordinaire, parce que le climat de........... nous paraît de nature à éprouver fortement les constructions en bois.				
A reporter..........	1,909	1,909	1,909	1,909

Report............	1f,909	1f,909	1f,909	1f,909
5° *Combustible.*				
TRAINS DE VOYAGEURS.				
Rampe de 15 mill. en remonte, 40k de houille à 30 fr. la tonne.................. 1f,20				
Descente et séjour au dépôt, 10k à 30 fr.. 0,30				
Total.......... 1,50				
Dépense moyenne $\frac{1^f,50}{2}$ = ... 0,75	0,750	»	»	»
Rampe de 25 mill. en remonte, 60k de houille à 30 fr. = ... 1f,80				
Descente et séjour au dépôt 15k à 30 fr.= 0,45				
Total.......... 2,25				
Dépense moyenne $\frac{2^f,25}{2}$ = ...	»	»	1,125	»
TRAINS DE MARCHANDISES.				
Rampes de 15 et de 25 mill. en remonte, 60k de houille à 30 fr. = ... 1f,80				
Descente et séjour au dépôt, 15k à 30 fr.= 0,45				
Total.......... 2,25				
Dépense moyenne $\frac{2^f,25}{2}$ = ... 1,125	»	1,125	»	1,125
Dans ce calcul les machines sont supposées travaillant au maximum de leur puissance sur les deux rampes de 15 et 25 mill., et c'est par l'emploi de la machine de renfort que la différence de dépense de combustible se manifeste.				
6° *Entretien des machines et graissage*........	0,600	0,600	0,800	0,800
Cet entretien coûte sur le chemin de fer du Midi, 0f,193. Celui des machines Engerth coûte sur le chemin du Nord, 0f,225 et 0f,80 sur le Semmering.				
7° *Usure et personnel des freins*.............	0,124	0,124	0,250	0,250
Sur *la rampe de 15 mill.*, on suppose un frein pour cinq voitures, non compris celui de la machine et du tender; cela comprend deux gardes-freins supplémentaires accompagnant 3 trains par jour; on suppose également qu'un sabot en bois est usé en 5 descentes. On a en conséquence :				
Personnel supplémentaire de freins... 2f,33				
Usure des freins.................. 2 »				
4f,33				
et pour 35k (4f,33 : 35k) = 12c,40.				
A reporter..........	3,383	3,758	4,084	4,084

Report............	3f,383	3f,758	4f,084	4f,084
Sur *la rampe de 25 mill.* les freins à patins du genre Didier devraient être préférés. La dépense du personnel et celle de l'usure des bois serait double de la précédente.				
8° *Entretien et surveillance de la voie*.........	1,110	1,110	1,260	1,260

Cet entretien se partage en plusieurs chapitres de dépenses qui, sur les diverses lignes, varient entre les chiffres suivants :

(Il n'est question ici que des grandes lignes.)

	Par kilomètre.
1° Personnel du bureau de l'ingénieur principal..............	100f à 150f
2° Personnel des sections; ingénieur et son bureau, conducteurs, piqueurs, payeurs et surveillance autre que celle des gardes.......	200 à 400
3° Gardes de jour, de nuit et des passages à niveau et barrières.	200 à 450
4° Main-d'œuvre du personnel permanent en chefs d'équipe et poseurs........................	750 à 900
5° Main-d'œuvre en ouvriers supplémentaires................	550 à 950
6° Entretien et renouvellement du matériel fixe de la voie. Renouvellement des rails en 10 ans, y compris dépose et repose.. 750f; Renouvellement des traverses en 15 ans .... 415; Entretien et renouvellement des autres parties du matériel fixe 450	1,615 à 1,625
7° Entretien des travaux d'art, façon et matériaux	200 à 800
8° Entretien des bâtiments et stations, etc..................	500 à 1,000
TOTAL......	4,115 à 6,275
Moyenne par kilomètre.......	5,195f

L'établissement de rampes de 15 et de 25 mill. ne change rien aux chapitres 1, 3, 7 et 8 du compte ci-dessus, sous le rapport des frais d'entretien, mais il en doit accroître les dépenses en travaux de remaniement de la voie, d'écoulements d'eau et de surveillance; car ces rampes sont tracées dans des contrées accidentées, où les tranchées et les remblais n'ont pas l'assiette et la fixité des travaux en plaine ou sur les pla-

A reporter..........	4,493	4,868	5,344	5,344

Report............	4f,493	4f,868	5f,344	5f,344

teaux. Par cette raison, il y a lieu d'ajouter, pour les rampes de 15 mill., un supplément de 1,000 fr. au compte ci-dessus, et pour les rampes de 25 mill. 1,500 fr. Il y a lieu, en outre, de porter les dépenses de renouvellement des rails à 7 ans et 1/2 sur les rampes de 15 mill. et à 5 ans sur les rampes de 25 mill.; c'est, au taux de 750 fr. par an, pour dix ans, un supplément de 375 fr. dans le premier cas, et de 750 fr. dans le second.

Il y a donc à ajouter pour l'entretien sur les rampes de	Rampes de 15mm.	Rampes de 25mm.
A la moyenne du chiffre ci-dessus..........................	5,195f	5,195f
Un supplément de surveillance et de main-d'œuvre permanente ou temporaire de..............	1,000	1,500
Et un supplément pour renouvellement des rails de..........	375	750
Total par kilomètre de voie...	6,570f	7,445f
Et, pour 5,900 trains, par kilomètre parcouru...............	1f,11	1f,26

9° *Différence d'intérêt du capital d'acquisition du matériel roulant*, résultant 1° de la différence d'étendue du chemin; 2° de la différence de vitesse des trains, et 3° de la différence du parcours effectué.

Le matériel roulant d'un chemin de fer donnant 40,000 fr. de recette kilométrique peut être évalué à 60,000 fr. par kilomètre, dont l'intérêt et le renouvellement doivent être comptés à 10 0/0; soit 6,000 fr. à répartir sur 5,900 trains; soit par train et par kilom. 1 fr. 02 et pour 1,750 mètres de parcours....... 1f,78c

Sur la rampe de 25 mill. l'intérêt et l'amortissement 1 fr. 02 c. par kilom. doit être augmenté en raison inverse des vitesses qui seront de 25 kilom. à l'heure sur la rampe de 15 mill. et de 17 kilom. sur la rampe de 25 mill., ci........... 1,49

La différence en faveur de la rampe de 25 mill. est............................ 0,29

A reporter..........	4,493	4,868	5,344	5,344

Report	4f,493	4f,868	5f,344	5f,344
Et elle est à porter en charge à la rampe de 15 mill.[1]	0,290	0,290	»	»
10° *Part de la machine de renfort* déterminée ci-dessus	$(\frac{1}{8})$	$(\frac{1}{5})$	$(\frac{1}{8})$	$(\frac{2}{3})$

La dépense de la machine de renfort peut être établie comme suit :

	Rampes de 15mm.	Rampes de 25mm.
Personnel de traction et frais divers	0f,295	0f,295
Auxquels il convient d'ajouter les frais de dépôt et le supplément de dépense du personnel résultant du faible parcours des machines de renfort	0,250	0,250
Combustible	0,937[2]	1,125
Supplément, pour l'attente, 250 tonnes de houille par an, à 30 fr.=7,500 fr., à répartir sur 8,000 kilom., considérés comme le parcours annuel d'une machine de renfort	0,940	0,940
Entretien de la machine	0,600	0,900
Supplément pour l'usure des freins	0,050	0,100
Entretien et renouvellement de la voie	1,100	1,260
Intérêt et renouvellement de la machine de renfort, 10 pour 100 de 80,000 fr. = 8,000 fr., à répartir sur un parcours annuel de 8,000 kilomètres	1,000	1,000
Dépense par kilomètre de parcours	5,172	5,870

A porter pour la machine de renfort proportionnellement aux fractions précédentes	0,650	1,036	1,957	3,914
Dépense par train et par kilomètre	5,433	6,194	7,301	9,258
Soit, en moyenne, par train et par kilomètre	5f,814		8f,280	

1. En d'autres termes, le matériel nécessaire à l'exploitation s'accroît en raison des parcours à effectuer; il en faut donc plus pour exploiter 35 kilom. que pour en exploiter 20. Mais ce matériel s'accroît aussi en raison directe de la lenteur de la marche des trains. On a en conséquence :

1k : 1k,750 :: 1f,02 : 1f,78
25k : 17k :: 1f,78 : 1f,29

La différence est à porter en charge à la ligne qui exige le plus de matériel.

2. (0,75 + 1,125) : 2 = 0f,937.

La dépense de traction, qui, sur la rampe de 15 millimètres, s'élèvera, pour 1,750 mètres parcourus sur cette rampe, à

$(5^f,814 \times 1^k,750^m) =$	10 fr. 175
est à comparer avec la dépense par kilomètre sur la rampe de 25 millimètres.	8 280
Il reste en faveur de la rampe de 25 millimètres.	1 fr. 895

Ainsi s'établit la différence entre la dépense d'exploitation de 35 kilomètres de rampe de 15 millimètres, comparée à celle de 20 kilomètres de rampe de 25 millimètres.

Nous pouvons maintenant résumer les résultats de cette étude.

8° APPLICATION DES PRIX DE TRACTION A LA DÉTERMINATION DU CHIFFRE DE RECETTE KILOMÉTRIQUE, A PARTIR DUQUEL LE TRACÉ A RAMPE DE 15 MILLIM. DOIT ÊTRE PRÉFÉRÉ AU TRACÉ A RAMPE DE 25 MILLIM.

1re HYPOTHÈSE.

Trafic produisant une recette brute de 40,000 francs par kilomètre.

DÉPENSES DE CONSTRUCTION.

Rampe de 15 millimètres : longueur du chemin, 35 kilomètres : dépense d'établissement . . . . 35,525,000 fr.

Rampe de 25 millimètres : longueur du chemin, 20 kilomètres, dépense d'établissement. 20,300,000

Différence en faveur de la rampe de 25 millimètres. . 15,225,000 fr.
soit, à 6 0/0, 913,500 fr. d'intérêt économisés, à répartir sur 20 kilom., soit 45,675 fr. par kilomètre en faveur de la rampe de 25 millimètres.

Revenu sur la rampe de 15 millimètres, 40,000 fr. par kilomètre et pour 1,750 mètres. . . . . 70,000 fr.

Revenu sur un kilomètre de rampe de 25 millimètres, 40,000 fr., auxquels il faut ajouter 45,675 fr. pour l'économie de l'intérêt annuel que procure ce tracé sur la dépense du capital : (40,000 fr. + 45,675) = ... 85,675

La différence en faveur de la rampe de 25 millimètres est donc, par kilomètre, de. . . . . 15,675 fr.

DÉPENSES D'EXPLOITATION.

Le nombre des trains correspondant à une recette de 40,000 fr. étant de 5,900, et la différence de dépense d'exploitation par kilomètre et par train en faveur de la rampe de 25 millimètres, 1 fr. 895, cela constitue un avantage de 1 fr. 895 × 5,900 = ... 11,180

Ce qui, dans l'hypothèse d'un produit de 40,000 francs, établit qu'on eût bénéficié par kilomètre. . . . . 26,855 fr.

si le tracé par rampe de 25 millimètres avait été préféré au tracé par rampe de 15 millimètres.

L'avantage est donc ici en faveur du tracé par rampe de 25 millimètres.

2e HYPOTHÈSE.

Trafic produisant une recette brute de 85,000 *francs par kilomètre.*

Recette sur la rampe de 15 millimètres, 85,000 fr. × 1,750 mètres ⇒ . . . . 149,000 fr.

Rampe de 25 millimètres : 85,000 fr. + 45,675 fr. = . 130,675

Différence en faveur de la rampe de 15 millimètres. . 18,325 fr.

Dans cette hypothèse, les dépenses d'exploitation vont différer de celles qui précèdent, parce que les frais fixes se répartissent sur une plus grande circulation. Nous les avons évaluées comme suit, par train et par kilomètre.

	Rampe de 15 mill. TRAINS DE		Rampe de 25 mill. TRAINS DE	
	voyageurs.	marchand.	voyageurs.	marchand.
Administration centrale....................	$0^f,150$	$0^f,150$	$0^f,150$	$0^f,150$
Cette dépense est de 0,10c au chemin de fer du Nord, pour une recette de 66,400 fr. par kilomètre.				
Exploitation............................	0,800	0,800	0,800	0,800
Cette dépense est de 76c au chemin de fer du Nord, pour une recette de 66,400 fr.				
Matériel et personnel des bureaux et de la traction, moins les quatre chapitres ci-dessous..	0,295	0,295	0,295	0,295
Entretien et réparation des voitures, graissage.	0,400	0,400	0,400	0,400
Combustible.	0,750	1,125	1,125	1,125
Entretien des machines et graissage........	0,600	0,600	0,800	0,800
Usure des freins..........................	0,124	0,124	0,250	0,250
Entretien et surveillance de la voie..........	0,671	0,671	0,780	0,780
Dans l'hypothèse considérée, cette dépense s'accroît d'un supplément d'usure des rails, de la surveillance et de la main-d'œuvre d'entre-				
A reporter..........	3,790	4,165	4,600	4,600

Report............	3^{f},790	4^{f},165	4^{f},600	4^{f},600

tien de la voie proprement dite, dans le rapport du simple au double; mais elle décroît parce que les frais fixes se répartissent sur un plus grand nombre de trains.

Il y a donc lieu d'ajouter au chiffre 5,195^{f}, qui exprime la dépense de ce service en plaine, les compléments suivants, qui sont considérés comme les dépenses propres aux rampes de 15 et de 25 millimètres.

	Rampes de	
	15^{mm}.	25^{mm}.
Ci, frais en plaine..........	5,190^{f}	5,190^{f}
Supplément de surveillance et de main-d'œuvre permanente ou autre..................	2,000	3,000
Supplément pour renouvellement des rails..............	1125	1,500
	8,315	9,690

Il y a lieu de croire que la somme affectée au renouvellement des rails dans les deux chiffres ci-contre (1875 et 2250 fr. par kilom.) serait fortement réduite si on employait des rails en acier sur les fortes rampes. L'excédant du capital qui en résulterait n'atténuerait que bien faiblement l'avantage à en attendre.

Dans l'hypothèse considérée, la somme ci-dessus se répartit sur la circulation de 12,400 trains, soit par train et par kilomètre... .... 0^{f},671 0^{f},780

Intérêt du matériel :

Capital 100,000 fr. par kilomètre, intérêt et amortissement 10,000 fr., soit, pour 12,400 trains, 0,80^{c}, et pour 1,750 mètres. 1^{f},40

Ce sera sur la rampe de 25 mill. $\frac{0^{f},80 \times 25}{17}$ 1,175

Soit en charge sur la rampe de 15 mill.	0,225	0,225	0,225	»	»
A reporter..........		4^{f},015	4^{f},390	4^{f},600	4^{f},600

Report	4f,015	4f,390	4f,600	4f,600
Il faut ajouter pour la part de la machine de renfort	($\frac{1}{8}$)	($\frac{1}{5}$)	($\frac{1}{3}$)	($\frac{2}{3}$)
La dépense de cette machine, que nous avons trouvée de 5 fr. 182 par kilom. sur la rampe de 15 mill., et de 5 fr. 87 sur la rampe de 25 mill. doit être réduite dans le premier cas, de 0 fr. 47, et dans le second cas, de 0 fr. 48 sur la dépense d'entretien et du renouvellement de la voie qui ne croît pas dans le rapport du trafic. Les chiffres sont alors 4 fr. 712 sur la rampe de 15 mill. et 5 fr. 39 sur celle 25 mill.; soit pour la part indiquée ci-dessus, par kilomètre.	0,590	0,945	1,800	3,600
	4f,605	5f,355	6f,400	8f,200
Dépense par kilomètre et par train	4f,97		7f,30	

Le coût, 4 fr. 97, doit être appliqué à 1,750 mètres sur la rampe de 15 millimètres, soit 8 fr. 700 par kilomètre et par train.

La différence des frais d'exploitation sera donc, en faveur de la rampe de 25 millimètres, 8 fr. 70 — 7 fr. 30 = 1 fr. 40 par kilomètre et par train.

On a vu que l'avantage, en ce qui concerne le capital de construction engagé, est en faveur de la rampe de 15 millimètres, dans l'hypothèse d'une recette brute de 85,000 fr. par kilom., et que cet avantage équivaut par kilom. de chemin à . . . . 18,325 fr.

Mais, dans l'exploitation, cet avantage se trouve annulé par le prix de revient par train et par kilomètre parcouru, qui est de 1 fr. 40 en faveur de la rampe de 25 millimètres, soit sur 12,400 trains × 1 fr. 40 = ... 17,360 fr.

C'est presque l'égalité entre les deux tracés.

Les deux tracés sont dans des conditions presque égales. D'où il résulte que l'avantage d'un tracé par rampe de 15 millimètres sur un tracé par rampe de 25 millimètres, dans les circonstances de la traversée des . . . ne commence que lorsque l'importance du trafic dépasse une recette brute de 88,000 francs par kilomètre.

Exploitation sur rails en acier. *Hypothèse d'un trafic donnant* 40,000 *fr.*

de recette brute par kilomètre. Reprenons maintenant l'hypothèse où l'exploitation aurait lieu sur des rails en acier, c'est-à-dire par des machines de puissance suffisante pour ne nécessiter aucun emploi de la machine de renfort.

1er CAS. *Hypothèse d'une recette brute de 40,000 fr. par kilomètre.*

	TRACÉS A INCLINAISONS			
	de 15 millimètres. TRAINS DE		de 25 millimètres. TRAINS DE	
	voyageurs.	marchand.	voyageurs.	marchand.
Dépenses d'exploitation.				
Il y aura lieu d'ajouter aux frais d'exploitation établis par les calculs précédents, par train et par kilom., pour une machine seule, montant à.	4f,783	5f,158	5f,344	5f,344
1° A raison de l'accroissement de puissance de la machine, un supplément proportionnel à l'emploi de la machine de renfort exprimé par les fractions suivantes	$(\frac{1}{8})$	$(\frac{1}{5})$	$(\frac{1}{3})$	$(\frac{2}{3})$
S'appliquant à l'entretien de la machine	0,075	0,120	0,266	0,266
Et à la consommation du combustible.........	0,093	0,225	0,373	0,746
2° L'excédant de dépense résultant de l'emploi de rails en acier de 82 kilog. 5, au lieu de rails en fer de 38 kilogr. Cet excédant sera de 160,000 fr. par kilomètre en comptant l'acier à 500 fr. par tonne[1] et le fer à 220 fr. l'intérêt de cette somme est, à 5,65 0/0, de 9,000 fr. par kilomètre, qui, répartis sur 5,900 trains, ajouteraient par kilomètre................................	»	»	1,522	1,522
Total des frais d'exploitation par train et par kilomètre..................................	4f,951	5f,503	7f,505	7f,878
Soit, en moyenne, par train et par kilomètre.	5f,227		7f,692	

La dépense 5,227 fr. sur la rampe de 15 millimètres s'élèvera proportionnellement aux distances parcourues dans la proportion 20:35, soit 5f,227 × 1k,750m = ... 9 fr. 147

Cette dépense étant, sur la rampe de 25 millimètres. . . . 7 692

Il reste en faveur de la rampe de 25 millimètres une différence, par train et par kilomètre, de. . . . . 1 fr. 455

1. Il coûte 700 fr. la tonne aujourd'hui pour de faibles quantités et avec des procédés de fabrication encore récents.

Nous avons vu que, dans l'hypothèse dont il s'agit, la supériorité du profil de 25 millimètres s'exprimait, quant aux recettes et à l'économie sur la dépense de construction, par un chiffre de. . . . . . 15,675 fr.

Il faut ajouter la différence ci-dessus : 1 fr. 455 × 5,900 trains, soit 8,585

L'avantage est en faveur du tracé par rampe de 25 millimètres. Ce qui porte l'avantage du profil à rampes de 25 millimètres sur celui de 15 millimètres, par kilomètre, à. . . . 24,260 fr.

2e CAS. *Hypothèse d'une recette brute de 85,000 fr. par kilomètre.*

On aura les résultats suivants par l'emploi des rails en acier.

	TRACÉS A INCLINAISONS			
	de 15 millimètres. TRAINS DE		de 25 millimètres. TRAINS DE	
	voyageurs.	marchand.	voyageurs.	marchand.
Il y aura lieu d'ajouter aux frais d'exploitation établis par les calculs précédents	4f,015	4f,390	4f,600	4f,600
Le surcroît des dépenses d'entretien des machines et de consommation du combustible porté ci-dessus	0,168	0,345	0,639	1,012
Quant à l'excédant de dépense résultant de l'emploi des rails en acier, il se répartit sur 12,400 trains, soit 9,000 fr.: 12,400 trains......	»	»	0,725	0,725
Total des frais d'exploitation par train et par kilomètre................................	4f,183	4f,735	5f,964	6f,337
Soit en moyenne.......................	4f,459		6f,15	

La dépense de 4 fr. 459 par train et par kilomètre sur la rampe de 15 millimètres s'élèvera proportionnellement à la longueur comparative des deux tracés, soit comme 20 : 35, soit 4 fr. 459 × 1,750 mèt. 7 fr. 80.

Cette dépense étant sur la rampe de 25 millimètres. . . . . 6 fr. 15.

Il reste en faveur de la rampe de 25 millimètres une différence, par train et par kilomètre, de . . . . 1 fr. 65.

Cette différence, appliquée à 12,400 trains, produit un avantage total par kilomètre de chemin de 12,400 × 1f,65 = ... 20,460 fr.

Or nous avons vu que dans l'hypothèse d'une recette brute de 85,000 francs, l'avantage de la rampe de 15 millimètres se traduisait, par kilomètre, par un chiffre de. 18,325

Il resterait donc, dans ce cas, en faveur de la rampe de 25 millimètres, une différence, par kilomètre, de. . . . . . 2,135 fr.

L'avantage est encore en faveur du tracé par rampe de 25 *millimètres ; mais, à partir de* 90,000 *francs de recette brute il y a égalité de produit net entre les deux tracés.* Ce ne serait, en conséquence, qu'à partir de 90,000 francs de recette brute que commencerait à se montrer l'avantage du tracé à rampe de 15 millimètres sur celui de 25 millimètres, si on substituait aux rails en fer des rails en acier offrant une résistance qui permît l'emploi de machines locomotives dont les essieux seraient chargés de 17 tonnes.

DEUXIÈME PARTIE.

§ 2. De l'emploi des rails en acier sur les rampes de 25 $^m/_m$, considéré comme moyen de simplification du service et d'économie de la traction.

SOMMAIRE.

---

§ 1. EXPOSÉ.

La limite de poids que les machines locomotives semblent ne pouvoir dépasser sans inconvénients pour la voie et les bandages, est de 6 à 7 tonnes par roue d'un diamètre supérieur à $1^m,60$, et de 5 à 6 tonnes par roue du diamètre habituellement employé pour les machines de grande puissance. Cette limite, quand elle est atteinte, comporte l'emploi de bandages en acier d'excellente qualité, pour éviter des remplacements trop fréquents, et pour éviter aussi la rapide détérioration que font subir aux rails les bandages dont la surface de roulement présente un creux ou une gorge trop prononcés.

Les bandages en acier exercent sur les rails en fer une action destructive d'autant moins rapide qu'ils conservent plus longtemps leur régularité de forme. Lorsqu'ils se creusent, ils n'atteignent plus la table du rail par des surfaces parallèles à celles-ci, et ils cessent, par conséquent, d'exercer des pressions normales à ces surfaces.

Supposons, pour éclairer cet exposé, qu'un bandage porte sur le rail par une surface qui, grâce à l'élasticité de la roue et du rail, aura 5 millimètres de largeur dans le sens de la longueur du rail, et 8 millimètres dans le sens transversal. Si ces deux plans de contact de 40 millim. carrés sont parallèles et sensiblement horizontaux, la pression exercée par une roue de 6 tonnes sera de 150 kilogrammes par millimètre carré; mais si les plans cessent d'être parallèles et que l'étendue du contact soit, par cette cause, réduite de moitié, la pression exercée par la roue sur le rail sera égale à 300 kilogrammes par millimètre carré. Elle ne pourra être moindre qu'autant que le contact serait plus étendu.

Mais comme la courbe qu'affecte transversalement la gorge du bandage usé ou déformé n'est nullement semblable à celle de la table du rail, c'est sur les lèvres intérieure ou extérieure du champignon que se portent ces énormes pressions à chaque déplacement transversal de la machine. Cela explique la rapide altération des bords du champignon des rails. Cette altération procède par laminage, dessoudage et enlèvement par aiguilles des lèvres du rail.

L'expérience démontre, en outre, que le passage des roues sur les rails a pour conséquence de donner aux bandages et aux rails deux formes tout à fait différentes. Tandis que le bandage se creuse suivant une courbe d'autant plus allongée que le jeu des roues dans la voie est plus grand, le rail, au contraire, s'aplatit, et cet effet contribue encore à reporter les pressions vers les lèvres du champignon.

Il n'y a donc aucun doute que si le rail et le bandage conservaient leur forme d'origine, l'usure ou la déformation seraient limitées au simple écrasement des molécules en contact normal, sous la forme d'une légère exfoliation, et que les accidents d'éraillage, de dessoudage et d'écrasement des lèvres du champignon n'auraient pas lieu. Le rail se conserverait donc beaucoup plus longtemps.

Les autres causes les plus générales de la destruction des rails sont : l'écrasement des extrémités qui s'explique par l'insuffisance de la résistance en ce point. Le dessoudage par mises, qui est la conséquence de la flexion des rails autant que le produit, par la pression, du laminage de la partie supérieure du champignon ; ces deux causes disparaîtraient par l'emploi de rails plus résistants et mieux soudés.

Quant à la déformation des bandages, elle est apparente dans l'emploi du fer et des aciers mous ; elle cesse de l'être dans l'emploi de l'acier dur et vif. La lamellation ou l'exfoliation, c'est-à-dire la formation, par le fait de l'écrasement, de petites feuilles excessivement minces, est aussi apparente sur les bandages en fer que sur les rails, et longtemps on a pensé que c'était là la forme unique de l'usure réelle ; mais on attribuait avec raison, au déplacement de la matière métallique, la plus grande part dans la formation de la gorge ou du creux qui se produit à la table de roulement du bandage. La très-faible perte de poids des rails par ce genre de lamellation a été bien constatée.

Ces préliminaires posés, et puisque la régularité de la forme du bandage et du rail aurait pour résultat d'accroître leurs surfaces en contact, et conséquemment de réduire la pression par millimètre carré, on peut admettre que plus les rails et les bandages seront susceptibles de conserver leur forme, moindre sera l'altération de chacun : que si les rails en acier sont plus résistants que les rails en fer, la flexion et le dessoudage, l'écrasement de la table et celui des extrémités seront moindres ; les rails se détruiront moins.

Si les surfaces mises en contact par le roulement sont plus régulières, elles seront aussi plus étendues ; on pourra donc charger les roues au delà du poids actuel, sans que l'usure et la déformation soient plus promptes.

Si l'acier peut supporter des pressions plus élevées que le fer, on pourra encore, de ce fait, charger les roues d'un poids plus considérable, et l'usure sera moins prompte qu'aujourd'hui.

De sorte que, pour employer des machines ayant une plus grande somme d'adhérence, c'est-à-dire un plus grand poids sur un nombre égal de roues, il suffira de former la voie avec des rails en acier et de leur donner une largeur et une hauteur proportionnelles au service que l'on en attend.

En résumé, par la simple substitution de rails en acier aux rails en fer à poids égal, on obtiendrait un plus long usage des rails.

Par la substitution, aux rails ordinaires, de rails ayant une largeur de table plus grande, plus de hauteur, par conséquent, plus de poids et plus de résistance à la flexion, on pourra charger les roues d'un plus grand poids.

D'autres conséquences se produiraient :

La largeur de la table des rails est de 60 m/m; elle creuse généralement dans les bandages une gorge dont le bourrelet extérieur varie entre 25 et 35 m/m de largeur, suivant le jeu que comportent les boîtes à graisse et le mouvement de lacet des machines. Il semble donc que si la table de roulement des rails était portée à 90 m/m, il ne se formerait pas de bourrelet; la surface de contact entre le bandage et le rail serait plus régulière et plus étendue; et si la résistance propre du rail était rendue proportionnelle à l'augmentation du poids porté par les roues, ce poids pourrait encore être augmenté en raison des surfaces en contact et de la plus grande résistance du métal.

L'altération des rails serait, à poids égal de fer ou d'acier, beaucoup moindre que dans le cas d'emploi du fer, à cause de la supériorité de résistance de l'acier; elle serait, par conséquent, beaucoup moindre encore si le poids était augmenté et la forme rendue plus résistante.

En élevant le poids supporté par les roues à 9 tonnes, au lieu de 6, sur des rails de 0.09 de table, de 0.20 de hauteur, pesant 82 kilog. par mètre, la résistance des rails serait très-supérieure à ce qu'elle est dans les conditions actuelles.

Ces indications générales méritent d'être confirmées par l'étude des effets qui se produisent réciproquement par le contact entre les bandages et les rails.

§ 2. DURÉE DES BANDAGES; DURÉE DES RAILS.

La durée des bandages varie beaucoup avec leur qualité, avec le poids dont les roues sont chargées, avec le diamètre de celles-ci, avec la nécessité de mettre au même diamètre les deux roues d'un même essieu, ou les quatre, ou six, ou huit roues couplées d'une même machine. Mais cette durée subit, en outre, l'influence variable d'autres dispositions du mécanisme. C'est ainsi que l'usure des boudins est fonction de l'écartement des essieux extrêmes, autant que de l'instabilité des machines; que le faux rond est quelquefois produit par les contre-poids et surtout par l'inégalité de l'application de la force motrice à la circonférence des roues. L'action simultanée et très-énergique des deux manivelles placées à angle droit sur l'essieu moteur, au moment où elles décrivent les quarts de cercle correspondant à l'horizontale, la correspondance de cette action avec la descente des bielles de pistons et d'accouplement, produisent, en un certain point de la circonférence des roues, un maximum d'effort qui a pour conséquence de solliciter le glissement du bandage au point où le contact sur le rail correspond à ce maximum, et on reconnaît assez communément que la gorge causée par l'usure offre en ce point un creux beaucoup plus profond que dans les autres parties.

Dans certains ateliers, on compte par rafraîchissage de roues motrices une épaisseur perdue de 11 millimètres, à savoir :

7 millimètres de creux.
3 d° de faux rond.
1 d° de matière reprise sur l'endroit le plus creusé.

11 millimètres.

Le bandage livré par le fabricant à 57 m/m d'épaisseur, est mis en service à 54 m/m, et il est réduit ainsi par le premier tournage à 43 m/m ; le second le réduit à 32, et il est retiré après avoir été mis en service trois fois. Son épaisseur est alors réduite, au fond de la gorge, à 25 m/m. Aussi dans cette dernière période, sa déformation est-elle plus prompte que dans les deux précédentes.

Dans d'autres ateliers les bandages de roues des machines entrent en réparation lorsque le creux a atteint 5 mill. au maximum et, dans ce cas, la perte d'épaisseur varie entre 7 et 9 m/m par opération de retournage ; le bandage subit alors trois retournages et il a quatre périodes successives de travail.

Enfin il est quelques ateliers où l'on compte 5 à 6 m/m par opération. Cela dépend du degré d'usure après lequel les roues sont retirées du service pour être rafraîchies.

Pour les roues de wagons que l'on retire généralement du service après que le creux a atteint 6 m/m, la déformation de la roue, l'inégalité de dureté des bandages, la nécessité de ramener exactement au même diamètre les deux roues montées sur un essieu, amènent souvent une réduction de 8 à 10 m/m par opération. Le bandage entre en service avec une épaisseur de 50 à 52 m/m ; il subit trois opérations, dont la dernière le réduit à 20 ou 22 $^m/_m$ d'épaisseur. Dans cette dernière période de service, il est rapidement relâché par le laminage qu'il subit sous la pression de la roue. Cependant nous avons constaté que sur soixante-seize opérations de rafraîchissage exécutées dans les ateliers de la Compagnie de l'Ouest, la perte d'épaisseur, constatée par la hauteur du boudin avant et après chaque opération, a été de 5,6 mill.

Il résulte de ce qui précède, que l'usure réelle, c'est-à-dire le creux formé par l'usure ou le déplacement de la matière, ne constitue guère que la moitié ou les deux tiers de la diminution d'épaisseur totale des bandages, de leur entrée en service jusqu'à leur retrait.

Nous citons, comme le résumé le plus précis, l'opinion de M. Vuillemin, ingénieur du matériel et de la traction au chemin de l'Est; elle est d'ailleurs partagée par la plupart de ceux de ses collègues dirigeant des services de traction.

« Dans les bandages en fer employés pour les roues de wagons, il y a généralement usure, c'est-à-dire disparition du métal par suite du roulement sur les rails, et diminution plus considérable au tournage, pour rendre à ces bandages leur profil normal; cependant, lorsque le bandage devient trop mince, il y a déformation en même temps qu'usure, c'est-à-dire refoulement du métal à droite ou à gauche de l'axe de roulement.

« Dans ce cas, le fer se lamine, et il y a, non-seulement une augmentation de largeur, mais aussi un agrandissement de diamètre qui oblige de démonter le bandage pour le resserrer.

« Sous les locomotives et tenders, les bandages en acier puddlé d'une dureté moins grande que l'acier fondu, s'usent plus qu'ils ne se déforment.

« Dans les bandages en acier fondu, l'usure par le roulement est peu considérable, à cause de la dureté du métal et de sa ténacité; mais après deux ou trois retournages, lorsque l'épaisseur du bandage approche de 30 $^m/_m$, il y a une déformation considérable. Cette déformation est telle qu'on est obligé, très-souvent, de mettre au rebut les bandages, avec une épaisseur encore considérable, parce qu'il n'est plus possible de leur rendre au tournage un profil convenable.

« Les bandages en acier fondu, lorsqu'ils sont arrivés à une épaisseur d'environ 30 $^m/_m$, ne tiennent plus sur les jantes par suite de l'agrandissement du diamètre dû au laminage du métal, et ils prennent à l'intérieur une forme concave qui oblige à retourner les jantes des roues.

« Pour les bandages les plus chargés, c'est-à-dire ceux des roues des machines Engerth, l'usure est peu sensible, mais l'altération de forme est très-considérable.

« Ces résultats rendent l'emploi de l'acier fondu très-coûteux.

Bandages de wagons.

« L'épaisseur des bandages neufs tournés est de.	58 m/m
On les retire généralement avec une épaisseur de.	25
Usure et matière enlevée au tour.	33 m/m

« Un bandage subit, en moyenne, 4 retournages avant d'être mis au rebut : soit en moyenne $\frac{27}{4} = 6$ m/m 7 de diminution par retournage, dont 4 à 5 m/m d'usure, et le surplus enlevé au tour, à cause des facettes, écrasements, et pour rendre au bandage son profil normal.

« Pour les bandages de roues des wagons à 10 tonnes, seuls adoptés aujourd'hui, je pense qu'on se rapprocherait de la vérité, en admettant une usure moyenne de 3 à 4 m/m par an, ce qui donnerait à un bandage une durée de huit à onze ans. »

Les bandages des roues de wagons sont généralement en fer. Leur épaisseur est telle que 30 m/m peuvent en être enlevés par des retournages ou rafraîchissages successifs avant leur retrait du service. Le parcours que peut dans ces conditions accomplir un bandage, varie entre 150,000 et 180,000 kilomètres. Ce dernier chiffre semble un maximum auquel il convient de nous arrêter pour être à l'abri d'erreur en plus sur la perte d'épaisseur en fonction du parcours. Cette évaluation se traduira par la donnée suivante : Un millimètre d'usure ou de déformation d'un bandage de roue de wagon correspond à un parcours de 6,000 kilomètres environ.

Nous avons pu constater à peu près rigoureusement qu'un parcours annuel de 2,662,000,000 kilomètres, effectué en 1862, par des roues de voitures ou wagons, avait donné lieu dans l'année à 48,240 rafraîchissages ou remplacements de bandages. Cela correspond à un parcours de 6,500 à 10,000 kilomètres par millimètre de perte de matière, suivant que l'épaisseur du bandage est réduite, par opération de 8,25 m/m ou de 5,6 m/m.

Bandages des machines et tenders.

« Épaisseur des bandages neufs . . . . 58 m/m
Épaisseur des bandages retirés du service 33
Usure et matière enlevée au tour . . . . 25 m/m

Machines à voyageurs et mixtes.

« Parcours moyen des bandages usés en 1862. . . 105,000 kilomètres.
Parcours moyen d'une machine, 27,000 kilomètres. — Durée 4 ans environ.

Parcours par millimètre de bandage usé $\frac{105000}{25} = 4{,}200$ kilomètres.

Machines à marchandises.

« Parcours moyen des bandages usés. . . . . . . 90,000 kilomètres.
Parcours moyen d'une machine, 26,000 kilomètres. — Durée 3 ans et demi.

Parcours par millimètre de bandage usé $\frac{90000}{25} = 3{,}600$ kilomètres.

Nous adopterons, d'après les données qui précèdent, les résultats indiqués dans le tableau suivant :

ESPÈCES DE BANDAGES.	MÉTAL.	PARCOURS total d'un bandage.	PARCOURS correspondant à 1 millimètre de diminution d'épaisseur.	FABRICANTS.
		kilomètres.		
Roues de wagons et voitures.	Fer.	180000	5000 à 7000k	Petin et Gaudet.
Roues de tenders	Fer.	126000	4920	Id. Diétrich.
Roues de support des machines.	Fer.	75000	3000	Id. Id.
Id. Id.	Acier.	275000	9000 à 11000	Krupp.
Roues motrices indépendantes.	Fer.	85000	2500 à 3400	Petin et Gaudet, Lowmoor, et Diétrich.
de 2,10 à 1,80.	Acier.	200000	8000	Krupp.
Roues motrices couplées. . . .	Fer.	70000	1500 à 2800	Petin-Gaudet, Diétrich
de 1,75 à 1,53.	Acier.	150000	4500 à 6000	Krupp.
Roues motrices couplées. . . .	Fer.	60500	2420	Petin-Gaudet, Diétrich
par 3 et 4 essieux.	Acier.	120000	4800	Krupp.

C'est ici le lieu de faire remarquer qu'en établissant d'après ces chiffres la durée des bandages, cela n'implique pas une usure correspondante. La reprise par le tour des parties non usées de la table des bandages s'étend, non-seulement au bourrelet et aux faces extérieures souvent déversées, mais à la partie même la plus profonde du creux formé sur la table de roulement. C'est ainsi que, dans certains ateliers, on estime que l'épaisseur d'un bandage perd $5^{m}/_{m},5$ pour un retournage, quand, en réalité, la profondeur du creux n'est que de $4\ ^{m}/_{m}$. Dans d'autres ateliers, on estime que la perte complète d'épaisseur provenant d'un retournage est de 8 millimètres.

Nous avons ensuite recherché quel pouvait être l'affaiblissement de l'épaisseur des bandages correspondante à la circulation totale des véhicules et machines sur un chemin de fer. Nous en résumons, dans le tableau suivant, les résultats appliqués au mouvement sur le chemin de fer d'Orléans.

PARCOURS DES VÉHICULES ET DES MACHINES en kilomètres.		NOMBRE moyen de roues par voiture ou par machine.	PARCOURS total des roues en kilomètres.	PARCOURS correspondant à 1 millim. d'affaiblissement de l'épaisseur d'un bandage. Kilomètres.	USURE totale en millimètres.
Voitures et wagons.	225.000.000	4	900.000.000	6000	150.000
Tenders..........	13.000.000	6	78.000.000	4920	15.800
Machines à voyageurs et mixtes.......	9.000.000	3	27.000.000	8000	3.400
Roues de support..	9.000.000	3	27.000.000	3000	3.400
Machines à marchandises..........	4.000.000	6	24.000.000	2420	9.000
Affaiblissement total annuel de l'épaisseur des bandages					$181.600^{m}/_{m}$

Le parcours annuel des trains ayant été, en 1862, sur les deux réseaux de 13,160,000 kilom., on obtient l'affaiblissement correspondant de l'épaisseur des bandages d'un train par kilomètre, en divisant l'affaiblissement total annuel par le parcours total annuel, soit :

$$\frac{181.600\ ^{m}/_{m}}{13.160.000} = 0^{mm},0138.$$

Ce résultat obtenu, et nous répétons qu'il exprime un maximum d'affaiblissement de l'épaisseur des bandages, nous pouvons en tirer celui des services comparatifs des bandages et des rails.

Rails.

Prenons pour base les 50 premiers kilomètres de chemin de fer des cinq grandes lignes qui aboutissent à Paris. La moyenne de la circulation sur chaque voie y est, au minimum, de 25 trains par 24 heures, ce qui correspond à 9,125 trains par an et à un affaiblissement des bandages sur cette partie de $0^{mm},0138 \times 9125^{t} = 126$ millimètres.

Il y a trois parts à faire à cet affaiblissement dans l'épaisseur des bandages :

1° Celle du déplacement de la matière;

2° Celle de l'exfoliation ou broyage direct de la matière au contact de la table de roulement du bandage et du rail ;

3° Celle qui est reprise par le tour pour rendre le rond à la roue.

Or, si les effets étaient réciproques entre le bandage et le rail, les deux premières causes produiraient leur effet sur le rail aussi bien que sur le bandage.

Supprimant pour le rail l'effet de la troisième cause, il resterait 96 $^{m}/_{m}$, attribuables au déplacement de la matière et à l'usure directe; de sorte que si l'effet produit sur les bandages se produisait également sur les rails, il faudrait sur ces 96 $^{m}/_{m}$ d'usure, en attribuer 48 $^{m}/_{m}$ à chaque rail.

Mettons de côté le déplacement de la matière en lui attribuant la moitié, les deux tiers, les trois quarts même de la perte d'épaisseur du bandage : il restera encore entre l'usure réelle de ceux-ci et celle des rails une énorme différence.

Mais un rail dont le champignon serait usé ou abaissé de 5 $^{m}/_{m}$ seulement, qui aurait perdu 5 $^{m}/_{m}$ de sa hauteur, deviendrait infiniment trop faible; il faudrait donc dix remplacements de rails par an sur les parties soumises à cette fréquentation de trains. Or cela n'est pas. Les rails sont généralement remplacés avant que l'épaisseur du champignon ait perdu trois millimètres, et c'est leur altération générale qui motive leur renouvellement.

Leur durée moyenne en ces parties si fréquentées est de quatre ans au minimum.

La circulation sur le chemin de fer entre Paris et Saint-Denis, s'approche de 70 trains par 24 heures, et des rails soumis à l'épreuve en cette partie n'ont donné qu'un rebut de 2 °/₀ en deux ans.

La conclusion de ces rapprochements est que les effets du contact des bandages et des rails ne sont nullement réciproques. Nous avions, du reste, acquis personnellement la preuve de ce fait, lorsqu'en 1851, nous avons repris, dans la voie du chemin de fer de Saint-Germain [1] les rails nécessaires à la voie du chemin de fer d'Argenteuil. Ces rails, après quinze ans d'usage, sous une circulation de 20 à 25 trains environ par jour, dans chaque sens, n'avaient perdu en poids que $0^k,750$ grammes par mètre courant, correspondant à moins de $2^m/_m$ d'épaisseur. Depuis ils ont perdu $0^k,840$ gram. C'est $1^k,590$ de perte de poids par mètre courant et par toutes causes, depuis vingt-sept ans.

M. Émile Clerc, ingénieur des ponts et chaussées, chargé des travaux d'entretien et de la surveillance du réseau de l'Ouest, a fait procéder, lors du renouvellement de la voie du chemin de Rouen, à la constatation des pertes de poids subies par les rails.

Il a trouvé que la perte, par mètre courant, était :

Pour les bons rails,	$0^k,40$
Rails passables,	$0^k,70$
d° mauvais,	$1^k,21$

Le poids normal de ces rails était de 36 kilog. Leur durée avait été de quatorze ans. La différence de poids entre les bons rails et les rails passables ou mauvais tient aux fragments qui manquent à ces derniers. L'opinion de M. É. Clerc est que l'usure des rails est insensible, sauf dans les courbes de faible rayon, et sur les points où l'on fait habituellement usage des freins; mais il établit une différence essentielle entre l'usure continue et la détérioration qui provient de la mauvaise qualité des rails.

L'opinion de cet ingénieur, dont le service est très-étendu et comprend les lignes les plus et les moins fatiguées, les plus anciennes et de bien nouvelles, et qui a en outre exécuté plusieurs renouvellements de voie, est partagée par ceux de ses collègues qui ont eu l'occasion d'acquérir la même expérience.

Comment donc expliquer l'absence sur les rails d'un effet si sensible sur les bandages?

1. Entre Paris et Colombes.

Citons à cet égard l'opinion de M. de Freycinet, ingénieur des mines, ex-chef de l'exploitation du chemin de fer du Midi[1].

« Un train agit sur la voie de deux manières :

« Par la machine,

« Par les véhicules.

« L'action de la machine est très-complexe. On y distingue :

« La pression verticale due au poids supporté par chaque essieu qui agit pour écraser les rails, pour les désassembler et pour déterminer l'enfoncement de tout le système de la voie.

« La réaction tangentielle des roues motrices sur les rails qui tend à les déchirer et à les entraîner longitudinalement.

« Les frottements latéraux des boudins des roues, engendrés par le mouvement de lacet, qui dérangent l'écartement de la voie.

« Les frottements dans les courbes dus à la rigidité du châssis qui altèrent la courbure de la voie, ainsi que les glissements dus à la solidarité, soit des roues d'un même essieu, soit des roues d'essieux accouplés, qui contribuent à l'usure des rails.

« Enfin, mille causes variées, telles que les chocs, les réactions des mouvements du mécanisme, etc., qui produisent des effets multiples de désagrégation.

« L'influence de ces diverses causes apparaît immédiatement. Il en est une dont on pourrait, au premier abord, être tenté d'amoindrir l'importance : c'est la seconde. Les roues de la machine tournant sans patiner, on est disposé à faire abstraction du frottement de glissement, et à ne voir, dans le phénomène, qu'un cas de roulement ordinaire, analogue à celui des autres véhicules du convoi. Ce serait là une illusion. Si les roues motrices tournent sans patiner, c'est parce que les points d'appui qu'elles trouvent dans leur adhérence sur les rails leur permettent de vaincre toute la résistance du train ; mais que cette résistance approche d'égaler le frottement de glissement, la machine roulera encore, et, cependant, les rails auront à supporter un effort tangentiel presque égal à celui du glissement lui-même, et les effets de déchirements devront être presque aussi sensibles. La seule raison pour laquelle les roues motrices ne reproduisent pas effectivement toute l'usure observée dans le glissement, ce n'est pas parce qu'elles roulent au lieu de glisser, mais c'est

1. *Des pentes économiques*. Bachelier, 1861.

parce qu'habituellement la résistance du train est inférieure à celle qui déterminerait le patinage. L'effort des roues motrices, pendant la marche normale, n'en reste pas moins, sur tout le parcours, une fraction de l'action de glissement.

« Cette analyse montre la grande prépondérance des effets de la machine sur ceux des autres véhicules.

« D'abord ces derniers sont dépourvus de l'action de glissement ou, du moins, elle est réduite, pour chacun d'eux, à la résistance même du mouvement individuel, ce qui est tout à fait insignifiant. Chaque véhicule entraîne les suivants, non en vertu de son adhérence, mais par la simple transmission horizontale de l'effort de traction fourni par la locomotive. Il n'y a donc, à proprement parler, qu'un frottement de roulement, dont l'action est incomparablement moins destructive. Quant aux autres causes, énumérées pour les machines, elles existent aussi pour les wagons, mais à un degré bien inférieur. Parlons de la plus importante, de la pression normale.

« Pour en apprécier les effets, voyons-les, soit par roue, soit par longueur totale du rail[1]. Le poids sur l'essieu moteur est de 10 à 12 tonnes, souvent davantage, soit 5 à 6 tonnes sur chaque roue. Le poids moyen d'un véhicule chargé est de 8 à 10 tonnes[2], soit 2 tonnes à 2 tonnes $\frac{1}{2}$ sur chaque roue. La pression produite par une roue motrice est donc environ deux fois et demie celle d'une roue de wagon. Gardons-nous de conclure que la succession de deux à trois roues de wagon produirait le même effet que le passage d'une roue motrice. Il s'en faut de beaucoup. C'est l'intensité de l'effort, bien plus que sa répétition, qui le rend nuisible pour la voie. En d'autres termes, une force double produit beaucoup plus que le double d'effet. La raison en est manifeste. Tant que les pressions qui s'exercent sur les rails ne dépassent pas la limite d'élasticité du métal, les déformations ne sont que momentanées et l'usure à peu près nulle. Mais dès que la limite d'élasticité est dépassée, les déformations sont permanentes, et la destruction complète ne tarde pas à s'ensuivre. Or, les rails et les machines étant constitués les uns par rapport aux

1. La considération de la pression sur un rail entier a de l'importance, car c'est la plus grande force qui tend à les désunir. La pression par roue correspond à l'écrasement du rail.

2. Sur le chemin du Midi, où les wagons sont des plus grands types, e poids moyen du véhicule n'est guère que 9 $\frac{1}{4}$ tonnes.

autres, de manière à permettre une circulation habituelle, et cependant, les écrasements de rails étant assez fréquents, on voit que la pression des roues motrices est dans le voisinage de la limite d'élasticité, généralement au-dessous, mais quelquefois au-dessus. Au contraire, la pression des roues de wagons est beaucoup au-dessous. L'usure qu'elle produit est donc insignifiante par rapport à l'autre. Sur une longueur totale de rail, les conclusions sont les mêmes. Cette longueur étant moyennement de 6 mètres et la distance entre les essieux extrêmes étant de 3 à 4 mètres, le rail est destiné à supporter tout le poids de la locomotive, soit une trentaine de tonnes généralement. La longueur entre les tampons d'un wagon étant supérieure à 6 mètres, le rail ne porte qu'un wagon à la fois, soit, comme nous avons dit, 8 à 10 tonnes, ou moins du tiers du poids de la machine. Ici encore nous dirons que l'assemblage des rails étant combiné pour résister aux plus fortes actions, c'est-à-dire au passage de la machine, et le but n'étant pourtant pas complétement atteint, on peut conclure que la limite de résistance de tout l'appareil d'assemblage est quelquefois dépassée par l'action de la locomotive, mais ne l'est pas par le poids du wagon, ou que ce dernier effet est négligeable relativement à l'autre. Ces observations s'appliquent également à l'enfoncement de la voie.

« Quant à toutes les autres causes de détérioration que nous avons déjà mentionnées, et dont l'influence est d'ailleurs beaucoup moindre que celle de la pression normale et de la réaction tangentielle, il est facile de voir que leur rôle est très-affaibli dans les véhicules. Sans parler des phénomènes se rattachant à la rigidité du châssis, à la solidarité des roues, à la dureté des ressorts de suspension, etc., qui sont manifestement bien plus prononcés dans la machine, on peut, pour la plupart des autres, remarquer qu'ils sont proportionnels à la masse du corps en mouvement, et que dès lors les actions mises en jeu dans la locomotive et dans les véhicules offrent des différences d'intensité qui leur rendent applicables toutes les remarques précédentes.

« En résumé, nous estimons que, dans le passage d'un train, la machine produit seule la plus grande partie du mal; les véhicules qui suivent y ajoutent peu de chose. Pour les locomotives d'un poids donné, le rapport de l'effet de la machine à l'effet du train entier varie évidemment avec le poids remorqué. Ce rapport est égal à 1 quand la machine voyage seule; il décroît à mesure que la charge augmente, et il atteint sa valeur minimum quand la composition du train est la plus élevée possible, comme cela aurait lieu si la circulation s'effectuait sur une ligne horizontale, et si tout le poids de la machine était utilisé pour l'adhérence. Les résultats d'expérience manquent encore, non-seulement pour déterminer de quelle manière ce rapport varie avec le poids du train, mais même pour en faire connaître la limite inférieure. »

Nous avons cité cet exposé tout entier, parce qu'il est un des plus complets qui aient été écrits sur le sujet que nous traitons ici.

Le passage des roues fait subir aux rails un martelage, un mattage à froid, un laminage. Il forge, il étire les rails. Le laminage qu'il opère est tellement apparent que le champignon s'allonge à l'extrémité du rail dans le sens du mouvement.

A ces effets s'ajoute, sous le poids de roues très-chargées, une légère exfoliation, sous forme de petites lamelles d'une épaisseur extrêmement faible, apparentes à l'extrémité des rails dont elles sont évidemment la forme d'usure.

Elles se montrent aussi sur la table de roulement des bandages en fer des roues fortement chargées. Elles s'y forment tangentiellement à la circonférence de la roue.

Sur certains bandages en acier fondu ou en fer cémenté, elles sont remplacées par une poussière fine qui se montre au simple contact de la main.

Ainsi le bandage en fer ou en acier doux se déforme et se lamine en lamelles par l'écrasement. Le bandage en acier très-résistant se pulvérise. A part la légère exfoliation produite sur les rails par les roues de machines les plus chargées, le rail est martelé et laminé, il se dessoude, s'écrase, s'éraille, se détruit sans autre perte de matière que celle de la chute des fragments qui résultent de l'éraillage des lèvres du champignon et du dessoudage.

Si l'usure des rails correspondait à celle des bandages, le passage des wagons en causerait les quatre cinquièmes, tandis qu'il est reconnu que les roues de wagons éprouvent les rails infiniment moins que celles des machines, et que parmi ces dernières, ce sont les plus chargées et celles qui ont le plus faible diamètre, qui causent la plus forte altération des rails.

Des ingénieurs pensent que si le rail est de bonne qualité il ne s'use pas, et qu'il doit durer indéfiniment; d'autres considèrent l'usure directe de la table, l'usure sans déplacement de matière comme très-faible. Quelle qu'elle soit, toujours est-il que le rail est loin de s'abaisser par déplacement de matière autant que se creuse la table de roulement des bandages. (*Voir la note* A.)

Durée des bandages en acier sur rails en acier.

Avant de conclure sur la nature des effets qui se produisent, comparons ce qui se passe avec ce qui aurait lieu dans le cas de l'emploi exclusif de bandages en acier sur rails en acier.

L'application des bandages en acier Krupp, aux roues des véhicules et machines, est faite depuis assez de temps pour qu'on puisse se rendre compte de la diminution d'épaisseur des bandages produite par le parcours. Nous n'avons pu cependant disposer que d'un nombre restreint d'exemples. Les deux premières colonnes du tableau suivant en indiquent les résultats; les deux dernières s'appliquent au parcours et à l'usure correspondante des bandages sur l'ancien réseau du chemin de fer d'Orléans.

ESPÈCES DE BANDAGES.	PARCOURS total d'un bandage en acier Krupp.	PARCOURS correspondant à 1 millim. d'usure.	PARCOURS total des roues en 1862, sur le chemin de fer d'Orléans.	PARCOURS par millimètre de diminution d'épaisseur du bandage.
	kilom.	kilom.	kilom.	kilom.
Roues de voitures et wagons	545.000	21.000	797.312.788	33.800
Roues de tenders	313.000	12.500	64.248.390	5.130
Roues motrices de machines à voyageurs et mixtes	236.000	9.500[1]	20.749.326	2.180
Roues de support	236.000	9.500[2]	20.749.326	2.180
Roues de machines à marchandises	125.000	5.000	22.749.398	4.550
Diminution totale annuelle présumée de l'épaisseur des bandages				47.840 m/m

1. M. Laurent a constaté des parcours moyens de 60,000 kilom. avant le premier retournage, effectués par huit paires de roues couplées de machines locomotives de 1m,67 de diamètre munies de bandages en acier de Krupp.

2. M. Forquenot a constaté que deux paires de bandages en fer cémenté (Leseigneur), placés sur les roues d'avant d'une locomotive, avaient parcouru 60,000 kilomètres sans que l'usure dépassât 2 millim. d'épaisseur.

Le parcours des trains ayant été de 9,814,508 kilomètres, la diminution correspondante au passage d'un train sur 1 kilomètre sera :

$$\frac{47,840 \text{ mill.}}{9,814,508} = 0^{mm},00,487.$$

Une circulation de 9,125 trains amènera une diminution de ($9,125^t \times 0^{mm},00487$), soit $18^m/_m,70$, au lieu de $126^m/_m$, que nous a donné l'emploi de bandages en fer.

Soit un effet près de sept fois moindre.

Ces $18^{mm},70$ correspondront (déduction faite de la matière enlevée au tour) à $13^{mm},6$, et par rail à $6^{mm},8$; de sorte que, si les effets étaient identiques sur les rails et les bandages, l'abaissement de la table du rail en acier serait, dans un an, de $6^m/_m,8$.

Or, si dans l'emploi de rails en fer nous avons trouvé qu'une diminution d'épaisseur des bandages de 118 millimètres, correspondante à 59 millimètres par rail, n'avait pas d'effet sensible sur la hauteur du rail, à plus forte raison se produira-t-il un effet moindre encore si le rail, au lieu d'être en fer, est en acier.

Nous pouvons maintenant apprécier les conséquences de l'emploi de bandages en acier Krupp, et de rails en acier Bessemer, ayant une table de $90^m/_m$, une hauteur de 20 cent., pesant 82 kilog. par mètre, et ayant un moment d'inertie de 250,000 kilog.

1° La largeur de table permettra d'accroître le poids supporté par les roues, de 6 tonnes à 9 tonnes ; le bandage sera ainsi usé régulièrement dans toute la largeur de sa surface de roulement.

2° Le bandage conservera sa forme régulière, et l'altération des rails sera diminuée de tout ce dont l'accroît aujourd'hui l'influence du creux qu'affecte la surface de roulement après un certain parcours.

3° Le rail ayant, proportionnellement à la charge de 9 tonnes, un moment d'inertie beaucoup plus considérable que celui que présente le rail actuel par rapport au poids de 6 tonnes, les effets de destruction résultant de la flexion des rails seront beaucoup moindres.

4° Le rail en acier, fabriqué par la méthode Bessemer, étant un fer légèrement carburé, doué de plus d'homogénéité et de ténacité que le rail actuel, néanmoins doux et ductile, ressentira infiniment moins les effets du passage des roues. Il sera sans doute martelé et forgé à froid, lamellé par la pression des bandages ; mais il s'exfoliera moins, il ne s'éraillera pas et ne se dessoudera plus, parce qu'il sera mieux soudé, qu'il sera soumis à des flexions moindres et que la régularité des surfaces en contact diminuera l'intensité du frottement qui résulte du mouvement de lacet.

§ 3. ÉTUDE DE L'ADHÉRENCE DES BANDAGES EN ACIER SUR RAILS EN ACIER.

Examinons maintenant les conséquences de l'emploi des rails et des bandages en acier sur l'adhérence.

L'économie ne sera obtenue, dans le transport des grandes masses qui importe d'abord au pays, et dans les très-grandes vitesses, qu'à l'aide d'une parfaite stabilité dans le mouvement. Parmi les conditions de cette stabilité est, en première ligne, la régularité du contact des bandages et des rails et, par conséquent, l'assiette normale des éléments qui composent la voie.

Pour obtenir ce résultat, nous n'avons à compter qu'avec les matériaux dont nous disposons.

Parmi ces matériaux, les plus perfectionnés sont l'acier Krupp pour les bandages; l'acier, ou, si l'on veut, le fer Bessemer pour les rails.

Nous connaissons aussi la nature des effets du contact réciproque de ces deux matières. Le bandage Krupp s'use, en se pulvérisant, bien plus qu'en se déformant. La table du rail s'use par exfoliation, et le rail se détruit par d'autres effets. L'usure du bandage est prompte, celle du rail est très-lente. La proportion est peut-être comme 100 à 1.

Que deviendra l'adhérence dans ces conditions?

Et d'abord l'adhérence résultant du contact des bandages sur les rails produit des effets très-différents sur les surfaces en contact, suivant qu'il y a simplement roulement comme pour les roues de support, ou qu'au simple mouvement s'ajoute la tendance au glissement résultant de l'effort appliqué à la circonférence des roues motrices, isolées ou accouplées.

Quelle est cette différence?

La question se complique ici des effets du poids porté par les roues et de leur diamètre. Les bandages des roues de wagons dont on peut déterminer approximativement la diminution d'épaisseur proportionnellement au parcours, portent un poids qui varie de $1^t,5$ à 4^t; leur diamètre varie de $0^m,91$ à 1^m.

Les roues de support des machines portent, en tout temps, $4^t,5$ à $5^t,5$, leur diamètre est de 1^m à $1^m,10$.

Les roues motrices portent 5 à 6 tonnes; leur diamètre varie entre 1m,20 et 2m,30.

Nous avons dit que les documents qui sont entre nos mains nous permettaient d'attribuer aux roues des divers usages, garnies de bandages Krupp, les diminutions d'épaisseur comparatives suivantes :

NUMÉROS.	ROUES.	DIAMÈTRE.	CHARGE.	PARCOURS correspondant à une diminution d'épaisseur de 1 millimètre.	PARCOURS entier d'un bandage.
1	Motrices couplées (machines à marchandises).	1m à 1m,25	5 à 6 tonn.	5.000	125.000
2	Motrices couplées (machines mixtes).......	1m,50	4t,5 à 5t,5	9.500	237.500
3	Motrices indépendantes..	1m,80 à 2,30	5t,5 à 6t,5	12.500	313.000
4	Voitures et wagons.....	0m,91 à 1,05	1t,5 à 4t	21.800	545.000

Les différences considérables que présente l'affaiblissement de l'épaisseur des bandages démontrent suffisamment que cette diminution est fonction du poids porté par les roues, de leur diamètre et de l'effort exercé à leur circonférence.

Si on compare les numéros 1 et 4, le poids n'explique que partiellement la différence qu'ils présentent.

En effet, le poids moyen supporté par les roues couplées de machines à marchandises est de 5t,5; celui que supportent les roues de wagons est de 2t,25. Si l'affaiblissement du bandage était proportionnel au poids porté par la roue et en raison inverse du diamètre, le parcours correspondant à un affaiblissement de 1m/m devrait, pour les roues couplées de machines à marchandises, être augmenté en raison directe de la différence des diamètres, et il devrait être réduit en raison inverse du poids; cela élèverait le parcours des roues de ces machines, correspondant à 1 millimètre de diminution d'épaisseur, à 12,450 kilom. au lieu de 5,000 kilom., d'où on est autorisé à conclure que la différence (8,450 kil.) doit être attribuée à l'effort à la circonférence résultant de la puissance motrice avec accouplement.

Si on compare l'affaiblissement d'épaisseur des roues de wagons, n° 4, avec celui des roues motrices indépendantes, n° 3, le parcours de 12,500 kilom. de ces dernières s'élèvera à 17,100k, d'où il résulte que l'influence de l'effort à la circonférence s'exprime par un parcours de 4,600 kilom. que ces roues feraient en plus si elles n'étaient pas sollicitées par cet effort.

Les comparaisons suivantes nous donneront des résultats sur les effets de l'accouplement des roues, ajoutés à ceux de l'effort à la circonférence.

Si on compare la diminution d'épaisseur des bandages des roues accouplées des machines mixtes (n° 2) avec celle des roues motrices indépendantes (n° 3), on trouve que le terme 9,500 est ramené à 10,850, d'où il résulterait que la différence 1,650 kilomètres serait attribuable à l'accouplement.

Enfin, si on compare la diminution d'épaisseur des bandages des roues motrices accouplées des machines mixtes (n° 2) avec celle des roues de wagons, le nombre 9,500, qui exprime le parcours attribuable à la diminution d'un millimètre, devient, en fonction du diamètre et du poids, 15,200, donnant ainsi une différence de près de moitié, attribuable à l'effort à la circonférence et à l'accouplement.

Résumant ces résultats, nous trouvons que l'effort à la circonférence et celui qui est dû à l'accouplement réduisent le parcours des bandages des roues motrices, dans les proportions suivantes, par millimètre d'usure :

	PARCOURS NORMAL abstraction faite de l'effort à la circonférence et de l'accouplement.	PARCOURS RÉDUIT par les effets de l'effort moteur à la circonférence et des frottements dus à l'accouplement.
Effort à la circonférence.		
Roues motrices indépendantes	17.100k	12.500k
Effort à la circonférence et accouplement.		
Roues motrices des machines mixtes	15.200	9.500
Roues motrices des machines à marchandises	13.450	5.000

Les effets destructeurs des bandages résultant de l'effort à la circonférence des roues motrices indépendantes, étant un, s'élèvent à 1,31 pour les roues couplées des machines mixtes, et à 2,50 pour celles des machines à voyageurs. Comparées au diamètre des roues, la course et l'aire des pistons des machines à marchandises l'emportent toujours sur celles des pistons des autres machines. C'est ce qui explique l'importante différence signalée dans le parcours des bandages des roues des machines à marchandises pour une même diminution d'épaisseur.

Les résultats que fournit le tableau qui précède ne doivent être considérés comme exacts que jusqu'à concurrence de l'exactitude des renseignements que nous avons recueillis. Malgré l'extrême bienveillance que nous rencontrons dans nos recherches, on comprend que les faits manquent là où l'intérêt de les recueillir ne semblait pas apparent. Nous avons cherché une méthode analytique rigoureuse, mais en regrettant le vague des chiffres dont nous faisons usage. Aussi ne considérons-nous cette discussion que comme le canevas d'un travail sur lequel des chiffres plus exacts jetteront une lumière plus sûre.

De ce que les bandages de roues motrices se creusent d'autant plus vite qu'elles sont plus chargées et que l'effort à la circonférence est plus grand; — de ce que l'accouplement des roues est également une cause d'accroissement d'usure, il importe, si l'on veut augmenter la puissance des machines, d'employer, pour les bandages et les rails, des matériaux plus résistants, ou de mettre les matériaux actuels dans de meilleures conditions de résistance.

Signalons, parce que c'est ici le lieu, que la part qui est attribuée par nos chiffres aux effets de l'accouplement sur l'usure des roues semble trop faible. Il est fort désirable que cela devienne l'objet d'observations décisives.

Ce qui est incontestable, c'est que l'usure des roues motrices correspond à une quantité de matière métallique broyée au point de contact entre les roues et les rails. Ce broiement a deux causes : l'écrasement résultant de la pression verticale, et le glissement résultant de l'effort à la circonférence et de l'accouplement.

L'expérience indique que l'adhérence des machines à roues accouplées est plus forte, à poids égal, que celle des roues libres; et, en effet, l'effort de traction qui est habituellement demandé aux premières est, en service courant, proportionnellement plus élevé par rapport au poids porté par les roues motrices, que celui que l'on demande aux secondes. Cela s'explique d'ailleurs. Il faudrait que les roues accouplées eussent un diamètre mathématiquement égal et qu'elles portassent sur les rails par des points situés tangentiellement à la circonférence à une distance mathématiquement égale des centres des roues, pour que l'accouplement n'ajoutât pas un effort sensible à celui qui est exercé sur des roues libres. Mais ces conditions d'identité mathématique, quant au cercle décrit par chaque roue sur le rail, n'existent jamais. A chaque tour de roue vient ici s'ajouter une certaine quantité de frottements qui peut s'exprimer par les différences du parcours développé par la circonférence de chacune des roues avec la distance dont la machine s'est avancée sur les rails; alors toutes les différences en moins et toutes les différences en plus s'accumulent; toutes constituent un frottement de glissement correspondant à une certaine quantité de matière métallique broyée.

Cette matière est-elle celle du bandage? est-elle celle du rail? Le bandage est dur, le rail l'est beaucoup moins; le rail devrait donc céder. Or il ne cède pas. La raison apparente de ce phénomène est-elle dans la forme cylindrique des bandages? Le contact angulaire sur une surface droite, d'un cylindre animé d'un mouvement de rotation et de progression, expose-t-il les molécules situées à la circonférence du cylindre à un départ tangentiel aussitôt que l'écrasement les a détachées? Y a-t-il là aussi l'application d'un fait très-général, celui de la schistosité, qui se produit par l'écrasement des matières ductiles sous d'énormes pressions? Cela semble vrai pour les métaux comme pour les autres matières minérales. Lorsque le fer en barre est laminé à une haute température, sa texture reste grenue; à mesure que la température s'abaisse, le laminage prolongé rend le fer nerveux, ce qui est une première disposition des fibres; puis il le rend fibreux, c'est l'état dans lequel le nerf est chevelu et court. Dans ces opérations et transformations, la forme lamelleuse ne se montre pas parce que la pression est relativement faible; mais dans le travail de la tôle, sous l'influence de fortes pressions, se produit la schistosité, c'est-à-dire la contexture de l'ardoise. Il faut, il est vrai, pour en arriver là, que le laminage soit poussé à l'excès, soit comme pression, soit comme abaissement de la température du métal, mais c'est un fait bien connu des fabricants.

En résumé, l'adhérence s'explique par le frottement; le frottement lui-même n'a pas d'autre expression qu'une certaine quantité de matière altérée ou broyée sous l'influence de la pression; cette matière est celle des surfaces en contact. Que des corps lubrifacteurs ne puissent pas s'interposer, c'est la matière métallique qui sera broyée; cela se produit dans le mouvement de glissement d'une surface sur une autre.

Mais dans le cas du mouvement des roues sur les rails, le contact se compose d'un mouvement rotatif et d'un mouvement progressif, dont la combinaison donne lieu au frottement de roulement, qui est bien plus faible que le précédent.

Ce frottement serait encore réduit, si le rail fuyait sous la roue dans le même sens et avec la même vitesse que celle dont la circonférence de la roue est animée.

Parmi les divers frottements connus dans la nature, celui du glissement de deux surfaces l'une sur l'autre; celui du mouvement rotatif et progressif d'un cylindre sur une surface plane; et celui de deux cylindres tournant tangentiellement l'un sur l'autre: le dernier est le plus faible à égalité de dureté et de poli des surfaces; le second est beaucoup moindre que le premier. C'est le dernier qui s'applique en partie aux boîtes à graisse à galets de M. Bricogne; le second ne s'applique qu'aux roues des wagons et des voitures; il cesse de s'appliquer exclusivement aux roues motrices toutes les fois que le mouvement progressif ou la vitesse de translation diffère du mouvement rotatif. La différence entre ces deux mouvements est un frottement de glissement. Quand la machine patine, le mouvement rotatif est très-supérieur au mouvement de translation de la machine, et il y a glissement.

Pour ramener ces deux mouvements à l'identité ou aussi près que possible de l'identité, on interpose du sable entre les surfaces en contact; le sable est broyé par la pression entre les surfaces; il a augmenté le frottement de glissement, de sorte que la force nécessaire pour le vaincre dépasse la résistance propre du train, et alors la machine progresse : c'est le broiement d'une matière qui a aidé à ramener l'équilibre entre l'adhérence et l'effort de traction.

Ce moyen a de nombreux inconvénients, et l'un des plus graves est de nuire au roulement du train après le passage de la machine; mais il est significatif, parce qu'il démontre que s'il était possible de charger instantanément les roues motrices quand elles patinent, l'adhérence serait maintenue sans interposition du sable. Il faudrait simplement que le poids porté par les roues fût proportionnel à la dureté des bandages et des rails, afin que la matière métallique détachée et broyée par la pression tînt lieu de sable. Plus cette matière aurait de dureté, plus son action serait efficace, et par cela même une très-faible usure des bandages ou du rail correspondrait à une énorme augmentation d'adhérence.

Supposons, en effet, qu'au lieu du sable dont le broiement augmente l'intensité du frottement de glissement et représente une certaine quantité de travail, on emploie de l'acier en poudre, supposé cent fois plus dur que le sable; le même glissement représenterait alors un travail cent fois plus considérable; de sorte que si la quantité de travail nécessaire pour rétablir l'équilibre entre l'adhérence et la résistance du train est exprimée par le glissement, celui-ci sera d'autant moindre que la matière interposée et broyée sera plus dure.

Mais à la place du sable, supposons que c'est la matière elle-même qui constitue le bandage et le rail qui devra être arrachée et pulvérisée ou lamellée par l'écrasement, aussitôt que le frottement de glissement se substituera au frottement de roulement : ce sera alors l'adhérence qui représentera l'énorme quantité de travail nécessaire pour détacher la matière de la circonférence du bandage ou de la table du rail et pour la broyer; l'adhérence sera ainsi augmentée par l'intensité du frottement de glissement et le mouvement de glissement sera diminué en proportion.

Telles sont les conclusions auxquelles nous arrivons par l'emploi de l'acier aux bandages et aux rails.

Nous les résumons :

1° L'emploi de rails en acier ayant une table plus large que les rails actuels, un champignon plus haut, plus de hauteur totale et un moment d'inertie plus considérable, permettra d'accroître le poids porté par les roues motrices des machines proportionnellement aux accroissements de dimension donnés à la forme actuelle des rails.

2° Loin de redouter une diminution d'adhérence de la dureté et du poli des surfaces en contact, il y a lieu d'en attendre un accroissement.

3° La durée des bandages et des rails ne peut qu'être augmentée par l'élargissement de la table de roulement.

4° Il n'y a pas, dans l'emploi des rails en acier, de motif de craindre que le point de contact entre le bandage et le rail soit moins étendu transversalement à l'axe du rail ; il y a, au contraire, présomption qu'il sera plus étendu par le fait de l'augmentation de largeur de la table.

Dans ce cas, l'usure des bandages et du rail étant proportionnelle à la pression par m/m^2 pourra ne pas être supérieure à l'usure actuelle, et pourra être moindre, à raison de la dureté des surfaces en contact.

5° L'adhérence étant le résultat d'un travail produit par le frottement de glissement, travail qui consiste à broyer la matière détachée par l'excès de pression, ou interposée, plus cette matière sera dure, plus le travail accompli en une unité de temps sera considérable, plus sera faible le mouvement de glissement par rapport au travail accompli, plus l'adhérence sera forte [1].

Facilité d'accroître la puissance des machines résultant de l'emploi de rails plus résistants.

Il nous reste à traduire en fait les conséquences des conclusions qui précèdent.

La substitution de rails en acier aux rails en fer serait en elle-même si dispendieuse qu'elle ne peut être provoquée que par un grand intérêt. Cet intérêt se résume dans la nécessité d'accroître la puissance des machines au delà des limites actuelles.

Or, l'intérêt d'accroître la puissance des machines, c'est celui de s'aider, dans le tracé d'un chemin de fer, de fortes inclinaisons, pour abréger la distance et diminuer la dépense de construction.

On a reculé avec raison, autant que l'on a pu, devant les fortes inclinaisons, parce que l'on considérait qu'elles grevaient à toujours l'exploitation d'un sacrifice qu'il convenait de lui épargner; mais on ignorait la mesure de ce sacrifice, ou plutôt on le supposait proportionnel à l'accroissement de l'effort de traction. C'était là une grande erreur qui n'existe plus que dans un très-petit nombre d'esprits.

La limite à la puissance des machines est aujourd'hui fixée par plusieurs exigences de leur construction.

Les rails ne supportent pas sans inconvénients une charge excédant 5 à 6 tonnes sous des roues de faible diamètre telles que celles des machines à marchandises, et le nombre des roues motrices n'excède pas douze dans les machines qui constituent le pas le plus avancé pour les grandes puissances mécaniques. Le poids maximum de la machine la plus puissante, celle du Nord, n'excède pas 60 tonnes, et l'adhérence est alors :

à 6 kil. de poids pour 1 kil. d'effort de traction,			10000 kilog.
à 7	id.	id.	8560
à 8	id.	id.	7500
à 9	id.	id.	6660
à 10	id.	id.	6000

1. Le glissement des roues motrices n'est, il est vrai, qu'accidentel, mais la tendance au glissement et l'effort tangentiel qui en résulte est perpétuel. Peu importe que la puissance

L'adhérence ne peut être employée, dans nos climats, au sixième du poids porté par les roues motrices des machines, qu'aux dépens de la régularité de la marche, quand vient la saison brumeuse.

Supposons donc l'emploi d'une pareille machine sur des rampes de 25 à 45 m/m avec emploi de l'adhérence du 7e au 10e. Le tableau suivant nous donnera l'effort de traction qui restera disponible pour les trains.

POIDS adhérent pour 1 kilog. d'effort de traction.	EFFORT de traction développé par la machine de 60 tonnes.	RAMPE DE 25 millim.		RAMPE DE 35 millim.		RAMPE DE 45 millim.	
		Part de la machine dans l'effort de traction 29,25 × 60 t.	Reste disponible pour le train.	Part de la machine dans l'effort de traction 39,25 × 60 t.	Reste disponible pour le train.	Part de la machine dans l'effort de traction 49,25 × 60 t.	Reste disponible pour le train.
7 kil.	8.560k	1.755k	6.805k	2.350k	6.210k	2.960k	5.600k
8 kil.	7.500	1.755	5.745	2.350	5.150	2.960	4.540
9 kil.	6.660	1.755	4.605	2.350	4.310	2.960	3.700
10 kil.	6.000	1.755	4.245	2.350	3.650	2.960	3.040

Le nombre de tonnes qui correspond à l'effort de traction et qui reste disponible pour le train, dans ces divers cas, est comme suit :

POIDS adhérent pour 1 kil. d'effort de traction.	RAMPE DE 25 millim.		RAMPE DE 35 millim.		RAMPE DE 45 millim.	
	Effort disponible pour le train.	Tonnage correspondant effort par tonne : 29.25 kil.	Effort disponible pour le train.	Tonnage correspondant effort par tonne : 39,25 kil.	Effort disponible pour le train.	Tonnage correspondant effort par tonne : 49.25 kil.
7 kil.	6.805k	234t	6.210k	158t	5.600k	114t
8 kil.	5.745	197	5.150	131	4.540	92
9 kil.	4.605	159	4.310	107	3.700	75
10 kil.	4.245	148	3.650	93	3.040	62

Les chiffres qui expriment ici le poids des trains sont un maximum, parce que nous n'avons alloué dans nos calculs, à l'effort de traction sur niveau, que 4k,25 par tonne, ce qui correspond à un état tranquille de l'atmosphère et à des courbes dont le rayon n'est pas au-dessous de 800 mètres [1].

de cet effort se manifeste sous forme de glissement, pourvu qu'il existe au même degré les résultats sont les mêmes. » (Ch. de Freycinet, *Des pentes économiques en chemins de fer.*)

1. Il serait peut-être possible de construire des machines plus puissantes encore dans le même système ; en les composant de deux groupes de 8 roues couplées au lieu de 6. Une pa-

En supposant l'effort de traction au 9e du poids adhérent pour les trains de voyageurs, et au 7e pour les trains de marchandises : prenant pour condition du mouvement des transports que les trains ne doivent pas être divisés au pied de rampes d'une inclinaison même exceptionnelle, le train de voyageurs exigera une machine de renfort au delà de 159t sur la rampe de 25 m/m; au delà de 107t sur la rampe de 35 m/m; au delà de 75t sur la rampe de 45. L'emploi de deux machines assure le service, sans division des trains, sur la rampe de 25 et 35 m/m. Mais la construction actuelle des machines locomotives ne fournit pas de moyens de faire gravir les rampes de 45 m/m par des trains de voyageurs de 200 à 210 tonnes avec deux machines seulement; il en faudrait quatre, ce qui équivaut à l'impraticabilité du moyen.

Le train de marchandises exigera une machine de renfort au delà de 234 tonnes sur la rampe de 25 m/m; au delà de 158 tonnes sur la rampe de 35 m/m, et au delà de 114 tonnes sur celle de 45 m/m. Pour un train de 400 tonnes, considéré comme le train normal jusqu'à 6 m/m d'inclinaison, une machine de renfort sera suffisante sur la rampe de 25 m/m; il en faudrait deux sur la rampe de 35 m/m et trois sur la rampe de 45 m/m.

L'insuffisance des machines actuelles se montre sur les rampes qui dépassent 25 m/m, à partir du moment où deux d'entre les plus puissantes ne peuvent remorquer les trains entiers qui peuvent arriver à leur pied. Dans cet ordre d'idées, l'intérêt d'employer des machines plus puissantes se montre bien évidemment sur les rampes de 35 et de 45 m/m, et de là l'utilité de substituer sur ces rampes des rails en acier aux rails en fer.

Cet intérêt existe même pour les rampes de 25 m/m; il provient de la possibilité d'économiser la machine de renfort en chargeant de 17 tonnes les essieux des machines, tout en restant d'ailleurs, pour les autres conditions relatives de construction, dans le système actuel. Des machines à 4 essieux, chargées de 17 tonnes, suffiraient sur la rampe de 25 m/m pour la remorque des trains de voyageurs de 210 tonnes (22 voitures); et des trains de marchandises de 400 tonnes pourraient être remorqués par des machines à 6 essieux couplés chargés chacun de 17 tonnes.

reille machine pesant 72 à 78 tonn. dépasserait de 7 à 15 tonn. le poids des plus fortes machines connues. Mais le passage dans les courbes d'une base, entre essieux extrêmes, de plus de 8 mètres, est une difficulté qui forcerait sans doute à recourir à l'articulation des châssis, et à sortir du système actuel pour entrer dans la voie des essais.

Le tableau suivant indique la charge par essieu : le nombre des essieux par machine et le nombre des machines qui serait nécessaire pour faire franchir par les trains de voyageurs de 22 voitures, et par les trains de marchandises de 400 tonnes, des rampes de 25, 35 et 45 $^{m}/_{m}$, dans le cas d'emploi de rails en acier, permettant 10 tonnes de charge par roue motrice.

RAMPES.	TRAINS.	EFFORT de traction, machine comprise.	POIDS servant à l'adhérence 1/9 voyageurs, 1/7 marchand.	POIDS sur chaque essieu.	NOMBRE d'essieux de la machine.	NOMBRE de machines.	OBSERVATIONS.
		kil.	kil.	tonnes.			
25 $^{m}/_{m}$	209^{t} voyag^{rs} 22 voit^{s}	8.330	66.500	17	4	1	
25 $^{m}/_{m}$	400^{t} march^{ses}	12.500	100.000	17	6	1	
35 $^{m}/_{m}$	209^{t} voyag^{rs}	11.100	100.000	17	6	1	
35 $^{m}/_{m}$	400^{t} march^{ses}	20.010	140.000	17 17	6 3	2	Renfort à l'arrière par la plus faible des 2 machines.
45 $^{m}/_{m}$	209^{t} voyag^{rs}	14.800	133.200	20 20	6 3	2	Idem.
45 $^{m}/_{m}$	400^{t} march^{ses}	26.500	185.600	20 20	6 4	2	Idem.

Il résulte des chiffres qui précèdent qu'en employant des rails en acier et en élevant le poids porté par les essieux jusqu'à 20 tonnes, un chemin de fer présentant des rampes de 25 à 45 $^{m}/_{m}$ pourrait être exploité dans les conditions ordinaires, c'est-à-dire sans obligation de diviser les trains au pied des rampes et sans sortir du système de machines actuellement en usage.

§ 4. DÉPENSE COMPARÉE DE LA CONSTRUCTION D'UNE DOUBLE VOIE EN RAILS DE FER OU D'ACIER.

Il reste à examiner le supplément de dépense qu'exigerait la substitution de rails en acier de 82 kil. par mètre courant aux rails actuels en fer de 38 kil. Ce supplément doit être calculé en supposant deux voies, car il ne nous paraît pas possible d'exploiter avec sécurité sur une seule voie un chemin de fer présentant des rampes de 25 à 45 $^{m}/_{m}$.

Coût comparatif d'un mètre courant de double voie en rails actuels et en rails en acier de 82 kil. par mètre courant :

DÉSIGNATION DES OUVRAGES.	RAILS EN FER.			RAILS EN ACIER.		
	Quantités.	Prix élémentaire.	Prix total.	Quantités.	Prix élémentaire.	Prix total.
		f. c.	f. c.		f. c.	f. c.
Rails	152^{k}	250 »	38 »	328^{k}	550 »	180 40
Coussinets à 90^{c} de distance moyenne	42	210 »	8 85	65	210 »	13 65
Éclisses à 6^{m} de distance	7	350 »	2 45	12	350 »	4 20
Boulons d'éclisse	2,40	650 »	1 56	4	650 »	2 60
Chevillettes	2,50	450 »	1 12	4 50	450 »	2 02
Coins en bois	4^{c},44	» 10	» 45	4^{c},44	» 15	» 66
Traverses	2^{t},22	5 »	11 10	2^{t},22	7 »	15 55
Sabotage des traverses et pose de la double voie	«	»	9 10	»	»	12 »
Prix d'un mètre courant de double voie	»	»	72 63	»	»	231 08

Soit, pour un kilomètre de double voie de rails en acier de 82 kil. par mètre courant . . . . 231,080 fr.

En rails en fer de 38 kil. par mètre courant. 72,630

Différence. 158,450 fr.

Cette différence de prix doit être couverte, dans les calculs de l'ingénieur, par divers intérêts : celui d'abréger la distance par l'emploi de fortes rampes se place en première ligne.

Vient ensuite celui de n'apporter aucun trouble dans l'exploitation d'une grande ligne, en mettant les conditions du mouvement des trains sur le même pied, quelle que soit l'inclinaison.

§ 5. APPLICATION DES VOIES EN ACIER A L'EXPLOITATION DU SEMMERING. SIMPLIFICATION DE SERVICE ET ÉCONOMIE DE DÉPENSE RÉSULTANT DE CETTE APPLICATION.

Pour reconnaître le mérite de cette disposition, faisons-en l'application à l'exploitation actuelle du chemin de fer qui fait partie de la grande ligne de Vienne à Trieste, dite du sud de l'Autriche, et qui traverse les alpes Noriques au col du Semmering.

La hauteur franchie entre Gloggnitz et le Semmering, sur le versant du nord, est de 428m,90 ; le profil a, sur une première partie de 6,551 mètres, des inclinaisons dont le maximum est de 10 m/m et la moyenne 8 m/m. Sur la seconde partie de ce même versant, qui a 21,384 mètres, les inclinaisons du profil sont en moyenne de 18m/m,5 et au maximum de 25 m/m. La longueur totale du tracé sur ce versant est donc de 27,935 mètres et l'inclinaison moyenne de 15mm,3. La hauteur franchie sur le versant du midi, entre le faîte du Semmering et Murzzüschlag est de 217m,50 ; la longueur du chemin de fer est de 13,005 mètres : l'inclinaison moyenne est de 18mm,5 et le maximum 25 m/m.

Une première observation se présente, à la vue des longs détours que subit le tracé pour gravir le versant nord.

Le col du Semmering était traversé par l'ancienne route, dont la longueur, entre la gare de Gloggnitz et l'entrée du tunnel du faîte, est d'environ 18,000 mètres, tandis que le chemin de fer en a 27,925. La hauteur à racheter sur ce versant étant de 428m,90, cela donne pour la route une rampe moyenne de 24 m/m ; mais le maximum d'inclinaison situé aux lacets que décrit la route entre Schattwein et l'entrée du tunnel dépasse de beaucoup la moyenne, et il est, en conséquence, probable que c'est l'inégale répartition de l'inclinaison moyenne du versant sur lequel s'appuie l'ancienne route, qui a engagé les auteurs du projet à chercher un autre tracé que celui de l'ancienne route pour accéder au faîte. Mais on peut conclure de là, avec toute certitude, que si les ingénieurs s'étaient donné de maintenir autant que possible l'inclinaison de 25m/m sans dépasser 28, ils eussent pu abréger le tracé en proportion de l'inclinaison du profil. L'importance de cette observation est incontestable en face de l'énorme dépense d'établissement du chemin de fer.

Cette dépense est, pour les 41 kilomètres de Gloggnitz à Murzzüschlag de 62,461,000 fr., soit 1,520,000 fr. par kilomètre, sans compter les intérêts du capital pendant la construction. Les souterrains sont, à part celui du faîte, au nombre de 14, et les grands viaducs au nombre de 16.

Tous ces ouvrages étant situés sur le versant du nord, on peut estimer à près de 2,000,000 de francs la dépense d'établissement du kilomètre de chemin de fer sur ce versant.

Si le tracé eût été abrégé dans le rapport des rampes moyennes, soit comme $24^{mm},75$ à $15^{mm},3$, c'est-à-dire réduit à $16,900^{m}$ au lieu de 27,935, l'économie de 10 kilomètres de chemin eût représenté environ 20 millions de dépense, soit, à 6 p. %, 1,200,000 fr.[1], somme égale à la dépense annuelle de traction sur la longueur entière de 41 kilomètres.

A cette première économie s'en fût jointe une seconde : celle des frais d'exploitation; car dût une partie du profil offrir des inclinaisons de 28 à 30 $^{m}/_{m}$, l'exploitation n'en eût pas, pour cela, été grevée, à beaucoup près, d'un accroissement de frais proportionnel à l'économie qui serait résultée de l'abréviation du chemin.

Mais, à cette époque, on redoutait les fortes rampes; on ne savait pas encore tout le parti qu'il était possible de tirer des machines locomotives.

Ce point de vue montre combien il serait utile d'étudier rétrospectivement cette bien sérieuse question des tracés préférables pour franchir le Semmering.

Examinons, quant à présent, les seuls avantages que retirerait l'exploitation actuelle de la substitution de rails en acier aux rails en fer, et de l'emploi de machines dont les essieux porteraient 17 tonnes de charge au lieu de 12 que portent les machines Engerth récemment modifiées [2].

Quelques mots sont nécessaires sur la relation du poids de ces machines avec les travaux d'art.

Aujourd'hui les travaux d'art supportent, sous les machines modifiées, une charge de $13^{t},4$ par mètre courant de voie. Une machine à 4 cylindres, système du Nord, ayant 66500^{k} de poids adhérent, répartis sur quatre essieux moteurs, ne dépasserait pas ce poids : la distance des essieux étant de 5 mètres.

Pour les machines à marchandises ayant 100000^{k} de poids adhérent, la charge serait de 16500 kil. par mètre courant entre les essieux extrêmes, espacés de 6^{m}. C'est une condition qui ne doit pas être oubliée dans le système de construction des travaux d'art; le poids des plus lourdes machines connues, tender compris, a à peine atteint 71 tonnes [3]; une augmentation de 29 tonnes exigerait probablement un accroissement

1. M. Desgrange indique comme suit la dépense de traction sur le chemin de fer du Semmering, entre Gloggnitz et Murzzüschlag : $425969^{k} \times 2^{f}849 = 1,212,000$ francs.

2. Dans les machines employées pendant les premières années de l'exploitation du Semmering que modifie en ce moment M. Desgrange, le premier essieu portait 13,700 kilog., le 5e portait 18,000 kilog.

3. Machine Beugnot.

correspondant de distance entre les tampons extrêmes, pour ramener le poids moyen sur la voie aux conditions ordinaires ; mais cela ne pourrait être obtenu qu'à l'aide de moyens aujourd'hui éprouvés, tels que l'articulation Engerth ou les articulations Beugnot, qui se prêtent toutes deux à l'emploi de 4 cylindres.

Quant aux courbes, il y a lieu de reconnaître que, jusqu'à présent, le système de montage des essieux dans la machine à voyageurs à 4 cylindres du Nord, a permis de porter, sans inconvénients, la distance entre les essieux extrêmes de $4^m,86$ à $5^m,50$; et pour les essieux couplés par groupe de trois, dans la machine à marchandises, à 6 mètres d'écartement.

Nous avons dit que la machine à voyageurs de 66500 kil. de poids adhérent sur 4 essieux, exercerait un effort de traction de 8330^k, correspondant au neuvième seulement de son poids adhérent, et que cet effort suffirait à remorquer un train de voyageurs de 22 voitures, pesant 209^t, sur une rampe de $25\ ^m/_m$;

Que la machine à marchandises de 100^t de poids adhérent, sur 6 essieux couplés par trois, exercerait un effort de traction de 12500 kil., correspondant au huitième de son poids adhérent, et remorquerait un train de de 100 tonnes sur la rampe de $25^m/_m$.

La circulation annuelle a été entre Gloggnitz et Murzzüschlag, de juillet à juillet :

Années. — Juillet à juillet.	Nombre de trains. Par jour. maximum.	moyenne.	Total.	Wagons à voyageurs.	à marchandises. 4 roues.	6 roues.	8 roues.	Poids brut en tonnes.	Tonnes à un kilomètre.
1856 1857	35	22	8.065	10.490	14.359	151	33.355	840.000	35.000.000
						47.865			
1857 1858	39	24	8.605	11.704	18.112	30	34.360	891.000	37.000.000
						52.502			
1858 1859	72	36	13.113	24.202	24.955	5	57.223	1.273.000	53.000.000
						82.183			

Pendant la dernière année, le mouvement des transports militaires s'est en partie substitué à celui des produits de l'industrie et du commerce. Pour faire la part de ce fait important, nous ne compterons, pour l'année 1858-59, qu'un mouvement de 940000 tonnes, basé sur le rapport de l'accroissement du trafic des deux années précédentes.

La statistique ne distingue pas le nombre de trains de voyageurs et celui des marchandises; mais l'Indicateur viennois ne porte, pour 1860, que deux trains de voyageurs par jour dans chaque sens, soit 1460 trains par an. Nous en supposerons 25 p. °/₀ en sus, soit 1825.

Cette déduction faite, le nombre des trains de marchandises, de 108 tonnes de poids brut, aura été en 1860, de 8575, ou 23,6 par jour, et le parcours kilométrique annuel de ces trains, 351000 kilomètres.

Nous résumons ces chiffres dans le tableau suivant :

ANNÉES.	NOMBRE de trains par an.	PAR JOUR.	POIDS moyen.	KILOMÈTRES parcourus par les trains.	TRAINS de voyageurs annuellement.	TRAINS de marchandises annuellement.	TRAINS de marchandises par jour.
1856-1857	8.065	22	104t	264.000[1]	1.825	6.240	17.9
1857-1858	8.605	23.6	103t,2	348.000[1]	1.825	6.780	19.1
1860	10.400	28.5	93t voyags. 108t mses.	425.969[1]	1.825	8.575	24.6

La statistique ne dit pas comment la circulation des transports se partage dans les deux directions Nord et Sud.

Or, on nous assure que nous serons près de la vérité en supposant un tiers du tonnage dans la direction du nord au sud, et 2/3 dans celle du sud vers le nord.

Les trains de marchandises arrivant du nord ou du sud à Gloggnitz ou Murzzüschlag, avec une charge moyenne de 300 à 350 tonnes, doivent être divisés, pour franchir le Semmering, en trois parties d'environ 117 tonnes. Les machines qui font ce service sont à 6 roues couplées et pourraient remorquer 130 tonnes.

De nouvelles machines à 8 roues couplées, produites par la transfor-

1. La statistique donne ce chiffre comme l'expression du parcours des locomotives *utiles*, y compris le parcours des locomotives à vide. Cela semble douteux, car il exprime en réalité celui qui est donné par le nombre de trains ayant parcouru toute la distance de 41 kilomètres.

mation des précédentes, peuvent remorquer 175 tonnes, et lorsqu'elles auront complétement remplacé les machines à 6 roues couplées, l'ingénieur, auteur de cette transformation, aura réalisé une réduction de parcours de 18 °/₀ [1]. Supposons donc cette économie réalisée dès à présent, et le parcours réel réduit de 352000^{k} à 280000^{k}; le nombre journalier des trains réduit de 23,6 à 19^{tr},75, soit, pour l'année, 8575 trains réduits à 7025.

Le poids brut des trains de marchandises de 887000 tonnes, est le chiffre normal de 1859-60, calculé dans le rapport de l'augmentation des deux années précédentes.

En prenant le poids des wagons de voyageurs chargés pour 12 tonnes, il reste 14^{t},53 pour le poids des wagons de marchandises, et, pour 887000 tonnes, 61200 wagons, au lieu de 52502 qui avaient circulé l'année précédente.

Dans l'hypothèse d'un trafic de 2 tonnes de poids net dans la direction du nord, pour 1 tonne de poids net dans la direction du sud, il y a à rechercher comment le poids brut des trains se répartit :

La statistique donne, pour la proportion du poids net au poids brut des trains, au Semmering, les chiffres suivants :

ANNÉES de juillet à juillet.	RAPPORT.
1856-57	1 à 2,5
1857-58	1 à 2,6

Sur un mouvement total, en marchandises et wagons, de 887000 tonnes de poids brut, le poids net est 348000 tonnes, dont 238000^{t} dans une direction et 110000^{t} dans l'autre.

1. En 1860 les trains du Semmering ont été faits avec les machines Engerth primitives, exigeant la séparation en trois parties des trains de marchandises (117 tonnes).

En 1861, la modification de 6 machines du Semmering a permis de ne diviser qu'en deux une partie des trains ; mais, malgré une charge plus grande, la dépense par train n'en a pas moins été réduite de 2 fr. 849 à 2 fr. 401, soit de 15,70 p. 100.

Enfin, en 1862, la modification d'un plus grand nombre de machines a permis de faire passer deux tiers des trains de marchandises en deux parties au lieu de trois (175 tonnes au lieu de 117), et il n'en est pas moins résulté une réduction de dépense d'environ 2 p. 100 sur 1860.

En 1863, tous les trains de marchandises ne seront divisés qu'en deux, et ce service se fera avec 16 machines, au lieu de 30 qui étaient employées primitivement.

Pour un mouvement de 887000 tonnes, le nombre de wagons sera de 61200, soit 30600 dans chaque sens. Cela donne 508000 tonnes dans une direction et 380000 tonnes dans l'autre.

Le mouvement régulier des marchandises variant, sur le Semmering, entre un maximum de 32 trains et un minimum de 19 trains par jour, il faut compter que la plaine apporte chaque jour au pied du Semmering trois ou quatre trains de 350 à 400 tonnes :

Soit, annuellement, du côté sud. . . . . 1,150^{t}

Du côté nord, { Trains chargés . . . . 800 / Retour de machines à vide. 350 } 1,150

Ce qui fait une circulation de 1950 trains et de 350 machines à vide.

Et en kilom. parcourus, $1950^{tr.} \times 41^{kilom.} = 80000$ / $350^{mach.\,v.} \times 41^{kilom.} = 14350$ } 94350 kil.

Pour un semblable mouvement, la circulation des trains sur le passage serait aujourd'hui de 280000 kilomètres, en supposant accomplie la transformation que subissent en ce moment les machines.

C'est donc entre les chiffres 94350 et 280000 kilom., représentant la circulation comparative pour le même transport dans la plaine et au *passage*, que s'établit la comparaison de l'usage des rails en fer et des rails en acier, avec emploi de machines dont les essieux seraient chargés, dans le premier cas, de 12 tonnes, et dans le second, de 17 tonnes.

La dépense de traction d'un train de 350 à 400 tonnes, par une machine à 6 essieux couplés, portant chacun 17 tonnes et exerçant un effort de traction de 12500 kil., est indiquée, par kilomètre, dans le tableau suivant ;

	DIRECTION du Nord au Sud.	DIRECTION du Sud au Nord.	MACHINE à vide.	DÉPENSE moyenne actuelle.
Conduite.	0^{f},352	0^{f},352	0^{f},352	0^{f},352
Combustible (100 kil. à 22 fr.). .	2 ,200	1 ,500	0 ,900	1 ,148
Graissage	0 ,250	0 ,200	0 ,150	0 ,134
Eau.	0 ,070	0 ,050	0 ,030	3 ,047
Réparations.	1 ,000	0 ,800	0 ,550	0 ,805
Frais généraux	0 ,200	0 ,200	0 ,200	0 ,123
Réparations des voitures et wagons.	0 ,480	0 ,480	»	0 ,224
Frais généraux	0 ,032	0 ,032	»	0 ,016
Par kilomètre	4^{f},584	3^{f},614	2^{f},182	2^{f},849

Et les dépenses comparatives de la traction seront :

TRAINS.	KILOMÈTRES DE TRAIN.			DÉPENSE.
1150	47,200	à	3f,614	171,000 fr.
800	32,800	à	4 ,584	150,500
350	14,350	à	2 ,782	31,350
	94,350	à	3 ,74	352,850 fr.

La dépense actuelle est donnée par la statistique à 2f,849 par kilom., soit, pour 280000 kilom. 797,500 fr.

Dépense trouvée ci-dessus 352,850

Économie annuelle. . . 444,650 fr.,

soit 10,800 fr. par kilomètre.

La plus grande part de cette économie (9,500 fr. par kilomètre) serait absorbée par les intérêts à 6 p. °/o du surcroît de dépense que nécessiterait l'établissement de la voie en rails en acier, mais les circonstances locales semblent devoir beaucoup atténuer cette dépense.

L'entretien de la voie proprement dite est, en effet, porté, au Semmering, à un chiffre exceptionnel ; il est de 12,670 fr. par kilom.[1], tandis qu'il ne coûte que 4,336 fr. sur les autres sections de la ligne Autrichienne.

Le remplacement des rails et des traverses est entré dans cette dépense pour 3,100 fr., le déplacement de la voie dans les courbes porte la seule main-d'œuvre d'entretien, par an, à 6,000 fr. par kilomètre.

Ce remplacement s'est effectué de la manière suivante :

1. Moyenne de huit ans, de 1854 à 1862. Cet entretien a coûté 18,896 fr. par kilomètre en 1861-62.

ANNÉES de juillet à juillet.	RAILS ORDINAIRES.		RAILS DE CHANGEMENT DE VOIE. NOMBRE.			
	Mètres.	Pour 100.	Fixes.	Pour 100.	Mobiles.	Pour 100.
1854-1855	5,600	2,6	inconnu.	inconnu.	inconnu.	inconnu.
1855-1856	11,200	5,2	»	»	»	»
1856-1857	14,000	6,5	99	26,3	27	7
1857-1858	15,200	7,1	150	39,9	49	14
1858-1859 [1]	33,100	15,4	165	43,9	76	20

Ces renseignements nous paraissent mériter les correctifs suivants : il n'y a de voie réellement intéressée dans le parcours des trains sur le Semmering que 41 kilom., soit 164000 mètres linéaires de rails ; or en comptant 33100m pour 15,4 °/₀ de la distance entière, cela ferait 215280 mètres linéaires de rails, correspondant à 53820 mètres, soit un excédant sur les 41 kilom., de 12820 mètres de voies de garage, qui doivent être laissées en dehors du quantum pour cent d'usure.

En réalité, l'usure rapportée aux 41 kilom. de voie principale serait donc de 21 p. °/₀ au lieu de 15,4 [2].

La rapidité de la destruction des rails en fer permet d'espérer que l'emploi des rails en acier donnerait lieu à une forte économie sur l'entretien et le renouvellement des rails, et en main-d'œuvre de dépose et repose, transport, etc. Ajoutant à cela la plus longue durée des bandages des roues de wagons roulant sur un rail de 9 centimètres de largeur de table, on peut considérer que le surcroît de dépense en intérêt d'argent, de 9,500 fr., serait compensé, jusqu'à concurrence de moitié, par ces économies, et que l'avantage définitif serait encore, avec l'emploi de rails en acier, de 6,050 fr. par kilomètre, et de 248,000 fr. pour l'année.

Revenons maintenant à l'économie qui eût pu résulter de l'adoption

1. On a d'ailleurs voulu comparer l'usure des rails sur la rampe de 25 millim., et en plaine : on a affecté à cette comparaison une longueur de 7,587 mètr., moitié en courbe, moitié en alignements, dans la double situation, et on a constaté que l'usure des rails était presque identiquement la même.

2. Le chiffre de 3,100 fr. de dépense, rapproché de celui de 33,000 mètr. de rails remplacés, s'applique à un renouvellement de 26 tonnes environ de rails par kilomètre comptés pour refaçon de 80 à 100 fr. par tonne, transport compris.

d'une rampe continue de 25 m/m là où, pour l'éviter, on a dévié le tracé en dehors de la ligne des thalwegs naturels.

A la place de la longueur actuelle de		41,000m
on aura, entre Gloggnitz et le Semmering, la longueur de l'ancienne route, dont l'inclinaison moyenne est de 24 m/m ci	18k.	
le souterrain de faîte.	1,433m	31,005m
le versant sud	11,572m	
Différence. . .		10,000m

Économie réalisée en capital d'établissement 20,000,000 de francs.

Soit, par an, en intérêts du capital à 6 p. % . . . . . . 1,200,000 fr.

La traction, comptée en moyenne à 4 fr. par train et par kilomètre, eût coûté, pour 94350 kilom.	377,400 fr.	
Elle en coûte maintenant.	797,500	
Soit, économie sur la traction		420,100 fr.
Économie annuelle qui eût pu être réalisée par l'adoption de la rampe continue de 25 m/m		1,620,100 fr.[1]

Il est probable que la direction du tracé par le thalweg que suit

1. L'exploitation du Semmering a coûté, dans l'année 1858-59, de juillet en juillet, 2,738,375 fr., savoir :

	PAR ANNÉE.			Par kilomètre de voie.	Par kilomètre de parcours des trains.	Par tonne de poids brut à un kilomètre.
	Main-d'œuvre et personnel.	Matériaux.	TOTAL.			
	fr.	fr.	fr.	fr.	fr.	c.
Direction. Comptabilité.	»	»	35,750	858	0,066	0,1076
Frais d'exploitation.	420,000	672,500	1092,500	26,220	2,036	3,485
Transport des dépêches.	»	»	49,000	1,176	0,092	0,1475
L'ingénieur de la section	243 500	29,250	272,750	6,546	0,475	0,850
Locomotives.	»	»	527,500	12,660	0,983	1,660
Wagons.	»	»	169,125	4,059	0,317	0,530
Principaux dépôts.	»	»	9,000	216	0,027	0,296
Travaux sur la ligne	38,750	18,475	57,225	1,373	0,109	0,177
Voie proprement dite.	94,000	333,250	427,250	10,254	0,795	1,345
Bâtiments.	16,750	11,000	27,750	666	0,053	0,0885
Clôtures, Plantations.	1,500	1,000	2,500	60	0,003	0,010
Signaux.	26,000	19,750	45,750	1,100	0,086	0,147
Enlèvement des neiges.	8,250	25	8,275	198	0,013	0,0294
Gaz au Semmering, établissement.	5,750	8,250	14,000	336	0,026	0,0398
TOTAL.	»	»	2,738,375	65,722	5,074	8,6

l'ancienne route, eût amené, en outre, une importante réduction dans la dépense d'établissement des 18 kilomètres substitués aux 27900 mètres qui ont été construits sur le versant nord. Il n'y a, en effet, nul exemple au monde d'une semblable accumulation de travaux ; elle n'est due qu'à la nécessité de gagner les hauteurs de versants abrupts tranchés par des découpures profondes, tandis qu'en se rapprochant du thalweg naturel, on eût rencontré un sol moins tourmenté ; les courbes eussent pu également être moins nombreuses et moins fortes.

Ces gigantesques travaux, qui ont coûté l'énorme somme de 71,000,000 de francs, y compris les intérêts du capital pendant la construction, sont une intéressante leçon pour l'ingénieur. Le doute est désormais permis sur la valeur de la solution que l'art a adoptée pour franchir ce faîte des Alpes. Le tracé, les inclinaisons, les courbes, le système d'exploitation soulèvent de justes critiques. Évidemment ce n'est plus là la solution que l'art conseillerait aujourd'hui. Nombre d'idées fausses ont disparu sur la puissance des machines ; les règles de l'exploitation se sont simplifiées, parce que les besoins sont plus rigoureux. L'exploitation ne veut sacrifier aux inclinaisons accidentelles et exceptionnelles d'un tracé rien de ce qui tient à l'ordre et à la marche régulière des trains. Toute complication doit disparaître dans le service, et cela se traduit nécessairement en augmentation de puissance des machines. L'ingénieur qui serait appelé à traverser aujourd'hui le Semmering se donnerait certainement pour programme de réduire la longueur du tracé à celle des thalwegs naturels, autant que la continuité de la rampe de 25 m/m le lui permettrait.

Il y a lieu de penser qu'il dépenserait, dans ce cas, pour l'établissement du chemin de fer et pour son exploitation, une somme presque moitié moindre que celle qui a été dépensée et qui se dépense actuellement.

Nous concluons de cette comparaison, comme des considérations qui l'ont précédée, que la substitution des rails en acier aux rails en fer, pour les inclinaisons de 25 m/m et au delà, constitue un des progrès les plus utiles dans l'art de la construction des chemins de fer, parce que cette substitution aurait les conséquences les plus favorables dans l'exploitation.

NOTES.

Note A. — *C'est dans les relations des formes géométriques entre elles qu'il faut chercher la cause pour laquelle les bandages des roues s'usent, s'écrasent ou se déforment plus rapidement que les rails.*

Un corps cylindrique qui roule sur un plan, et qui est en contact avec lui suivant une ligne parallèle à son axe, engendrée par la rencontre des points situés à sa circonférence avec ce plan, lui présente ses molécules dans une situation différente de celles de ce plan.

Si on suppose aux deux corps en contact des conditions de dureté et d'élasticité absolument identiques, et si la pression opérée au point de contact est telle qu'elle dépasse la limite de dureté et d'élasticité des corps, la matière elle-même sera déplacée, et il n'y aura pas d'autre cause d'une inégalité quelconque dans ce déplacement, que la différence que présentera dans chacun des deux corps la disposition moléculaire.

Les molécules d'un corps présentant un plan au point de contact avec un autre corps affectant la forme d'une pointe ou d'un coin, ne peuvent se déplacer, sous l'influence de la pression en ce point, qu'en déplaçant elles-mêmes un certain nombre d'autres molécules qui les entourent.

Les molécules situées à la circonférence d'un corps cylindrique ne peuvent se déplacer sous l'influence de la pression au point de contact sur un plan, qu'en intéressant dans ce déplacement un certain nombre des molécules qui les entourent; mais le nombre des molécules intéressées est moindre dans ce cas que si le corps était plan au lieu d'être cylindrique.

Ainsi le tranchant d'une lame d'acier portant sur une enclume d'acier semblable, et pressé jusqu'à l'écrasement des molécules, laissera une faible trace sur l'enclume, tandis que la lame aura été altérée par l'égrènement du tranchant au point de contact sur l'enclume. Les molécules de la lame, trouvant moins d'appui autour d'elles, se courbent, se brisent, en un mot se séparent sans déplacer sensiblement celles de l'enclume qui se prêtent un mutuel appui.

Ce qui est vrai des effets du contact d'une lame sur un plan l'est également du contact de la génératrice d'un cylindre sur un plan.

Il est ainsi démontré que deux corps semblables et d'égale dureté mis en contact et pressés entre eux, jusqu'au delà de la limite d'élasticité et de résistance à l'écrasement de la matière, s'altéreront inégalement en raison du nombre de molécules qui, par l'influence de la forme des corps, viendront contribuer à la résistance que l'un oppose à l'autre.

La forme cylindrique ayant pour effet d'intéresser à la résistance un nombre de molécules moindre que ne le ferait la forme plane, c'est le cylindre qui s'écrase à sa circonférence.

D'où il découle rationnellement :

1° Que la forme des corps en contact permet une altération égale entre eux, bien que leur dureté soit inégale, parce que la forme peut contribuer inégalement à la résistance en apportant aux molécules placées sous l'influence de la pression le concours des molécules qui les entourent.

2° Qu'un corps dur peut s'altérer à son point de contact sur un corps moins dur, parce que ce dernier lui opposera un nombre de molécules beaucoup plus grand que celles par lesquelles il est attaqué. C'est le cas du burin qui s'émousse contre le fer. C'est celui de la scie ou du fer de rabot du plus pur acier altérés par un clou en fer le plus doux logé dans du bois.

3° Qu'un corps cylindrique sera d'autant plus facilement altéré par la pression sur un corps plan que son rayon sera plus faible, le nombre de molécules solidaires de celles soumises au contact diminuant avec le rayon. L'expérience établit, en effet, qu'à charge égale et à égal chemin parcouru par leur circonférence, les roues s'usent d'autant moins que leur diamètre est plus grand.

4° Que si la forme géométrique d'un corps cylindrique pressé sur un corps plan restait absolue par l'absence d'élasticité dans les deux corps, la résistance du cylindre serait moindre que celle du plan, en raison directe des angles tangentiels, ayant pour sommet le point de contact du cylindre sur le plan, pour côté supérieur la direction angulaire du contact et pour côté inférieur le plan lui-même.

5° Que si la dureté de la matière du plan était moitié moindre que celle du cylindre, l'écrasement des molécules des deux corps en contact se répartirait également entre les deux corps aussitôt que la résistance d'un nombre de molécules du corps plan se serait accrue, par la solidarité des molécules environnantes, jusqu'à égaler la puissance d'écrasement des molécules du corps cylindrique intéressées dans la pression au point de contact.

De déductions en déductions, on arrive ainsi à expliquer pourquoi un bandage en acier s'use ou s'altère sur un rail plus qu'il n'use ou n'altère le rail, et on peut admettre que si la dureté initiale de la matière qui constitue le rail et le bandage était connue, on pourrait déterminer analytiquement, d'après le diamètre du bandage, la durée relative des deux corps.

Il n'a encore été ici question que du simple contact déterminé par le passage d'un cylindre roulant sur un plan. Mais ce contact change de nature dès qu'il s'y joint, à la circonférence du cylindre, une force qui tend à imprimer à celui-ci une vitesse relative plus grande que celle qui résulterait du développement normal d'une circonférence sur un plan.

Dans ce cas, le cylindre tend à glisser par sa génératrice sur le plan, et s'il adhère à ce plan par une pression qui dépasse la limite de résistance des molécules à l'écrasement, les molécules séparées ne suivront pas le mouvement du cylindre, elles ne dépasseront le point de contact que sous la forme de lamelles ou de poussière, suivant qu'après l'écrasement elles auront conservé ou perdu la ductilité du corps dont elles faisaient partie.

Cette différence de travail, qui est le résultat du frottement de glissement, se produit dans les cas suivants :

1° Au contact des roues de wagon sur les rails toutes les fois que le diamètre des deux roues fixées sur un même essieu, diffère, ou que l'état de la voie, combiné avec la forme conique ou concave des bandages, produit deux lignes d'inégale longueur sous la circonférence développée par chacune des roues au contact du rail; enfin dans les courbes.

Pour ramener ces deux lignes à l'égalité de longueur, il faut que la roue du plus grand diamètre ralentisse sa marche ou que celle du plus petit diamètre active la sienne. Il est probable qu'à égalité de charge sur chacune des roues, la différence dans le mouvement se partage, et que c'est, dans tous les cas, la roue la plus chargée qui mène l'autre.

2° Cette différence de travail se produit encore au contact, sur le rail, des roues motrices des machines. Elle se compose d'abord de l'influence de la différence des diamètres, puisque ces roues sont, comme celles des wagons, fixées au même essieu; et puis de l'inégalité qui se produit dans la force motrice tangentiellement à la circonférence, suivant la position des manivelles de l'essieu moteur ou suivant les forces centrifuges du mécanisme. Cette inégalité dans la force motrice a pour résultat que l'usure du bandage est toujours la plus forte au point de contact sur le rail qui correspond au moment où la force, imprimant aux roues le mouvement rotatif, est le plus intense.

3° Le maximum des différences de travail se produit sous les roues motrices accouplées, d'abord parce qu'aux différences de diamètre de ces roues fixées sur le même essieu, s'ajoutent les différences de diamètre des roues liées entre elles par les bielles d'accouplement. Sous ces roues, le frottement de glissement semble partiellement substitué au frottement de roulement.

Ces causes diverses de la substitution, dans le mouvement rotatif, du frottement de glissement à l'action du roulement au point de contact des roues sur les rails, expliquent l'extrême variété des résultats d'expérience sur l'effort de traction. L'état du matériel et celui de la voie le font varier du simple au double.

L'expérience la plus concluante à cet égard est celle qui est donnée par l'exploitation des lignes de Versailles (rive droite et rive gauche), qui sont à pentes continues : la première de 4 millimètres et une légère fraction, la seconde de 5 millimètres.

Sur toutes deux, les trains de ballast ou de matériaux sur plates-formes, livrés à eux-mêmes et le régulateur fermé, atteignent, en descendant, la vitesse des trains de voyageurs.

Pour les trains de voyageurs ou de marchandises en wagons couverts, la machine exige, en descendant, une très-faible quantité de vapeur. Dès que le train a pris sa vitesse normale, la vapeur est limitée, sur la rive droite, aux résistances de la machine.

C'est sur cet exemple, observé personnellement pendant vingt années consécutives, que nous avons basé l'opinion, qu'à une vitesse normale de 25 à 30 kilomètres, l'effort de traction d'un train ordinaire est de 4k,25 par tonne de son poids, machine comprise.

C'est là un résultat pratique qui ne se modifiera que lorsque la voie et le rail seront parfaitement établis, les roues toujours égales, les matériaux des bandages et des rails très-durs, les essieux bien rigides et les fusées arrosées par un liquide très-lubrifacteur.

Note B. — *De quelques-unes des conditions qui doivent guider l'ingénieur dans le choix des inclinaisons d'un profil de chemin de fer.*

Il n'est dans le tracé des chemins de fer aucune région, aucune direction connue où l'ingénieur ne puisse établir un profil à pente ou rampe limitée, en donnant, soit au moyen de courbes, soit au moyen de lacets ou de rebroussemens, le développement nécessaire en longueur pour franchir les plus grandes hauteurs.

Mais comme les fortes inclinaisons abrégent les distances, comme les courbes permettent d'éviter les travaux d'art (tunnels, viaducs, remblais et tranchées) ou d'en réduire considérablement l'importance, comme aussi les lignes où les grandes difficultés de tracé se présentent aujourd'hui sont, généralement, dans des directions où le trafic peut être faible, l'ingénieur éprouve le besoin de connaître les limites qu'il peut atteindre, soit pour les inclinaisons maxima, soit pour les courbes minima.

Il faut bien reconnaître que, posées aujourd'hui, ces limites seront reculées demain; mais il est utile néanmoins de préciser le point où elles sont en ce moment.

Nous ne reviendrons pas sur ce que nous avons dit dans le cours de notre mémoire, sur le choix des inclinaisons. La configuration du sol donne ici la règle. L'inclinaison naturelle des thalwegs des vallées ou des versants des plateaux devient une base générale. Le chemin doit être facilement parcouru par des trains remorqués par une machine en *simple traction.* Si sur certains points du tracé une inclinaison supérieure à celle que peut franchir la *simple traction* est utile, il faut, autant que possible, que le renfort soit limité à une *double traction.* Pour choisir un exemple, prenons un tracé dont l'inclinaison moyenne est de 12 millimètres, où des inclinaisons de 15 à 20 millimètres sont en nombre assez considérable pour que la puissance des machines, comme *simple traction,* soit basée sur une inclinaison maxima de 20 millim.; si, sur cette ligne, il se présente des points où il soit utile que l'inclinaison soit beaucoup plus forte, il faudra concentrer cette inclinaison exceptionnelle sur un très-petit nombre de points et la limiter aussi pour qu'elle n'exige pas un renfort supérieur à la puissance que peut donner la *double traction* par l'addition d'une machine de renfort. Dans cet exemple, les inclinaisons courantes n'excédant pas 15 à 20 millimètres, l'inclinaison exceptionnelle sera 30 à 35 millimètres.

La *simple* traction exigera un effort de 24^{k} 25 par tonne, et l'inclinaison de 35 millimètres élevant cet effort à 39^{k} 25, la double traction donnera, on le voit, une puissance très-supérieure à celle qui est nécessaire; mais cet excédant de puissance est utile, parce qu'il est reconnu que l'emploi de deux machines réduit (faiblement, il est vrai, mais réellement) le travail utile de chacune.

L'exemple que nous citons ici n'est pas imaginaire. Il semble se produire avec une économie très-considérable sur le capital de construction, dans un chemin destiné à entrer comme une artère indispensable dans le réseau des grandes lignes. Ce chemin doit, à ce titre, repousser toute économie motivée par un système d'exploitation qui exigerait la réduction ou la division des trains, ou l'emploi de véhicules spéciaux. Il devra choisir entre les plus puissantes machines connues le type qui assurera à la *simple traction* une marche régulière.

Mais cette machine devra pouvoir franchir les courbes du chemin avec la même facilité que les véhicules actuels. A quel rayon minima faut-il donc s'arrêter pour les courbes? Il ne s'agit pas seulement, pour une machine, de franchir une courbe sans être disloquée; elle doit la franchir sans que les frottements qu'elle y subit l'empêchent de développer non-seulement l'effort de traction résultant du poids du train et de l'inclinaison de la voie, mais encore le supplément de travail qu'une courbe exige à cause de la différence du parcours des roues et des frottements auxquels donne lieu le grand espace entre les essieux extrêmes des véhicules actuels.

Le fait le plus intéressant à cet égard est celui qui se produit dans l'exploitation du Semmering.

Sur la longueur totale de 40,940 mètres, les courbes de 190 mètres ont un développement de 6,691 mètres, soit 16 p. 0/0, et celles de 190 à 380 mètres ont 10,460 mètres, soit 26 p. 0/0. Or, et bien que la traction ait été, dès l'origine, opérée sur le Semmering avec des machines locomotives à châssis articulés (système Engerth), le parcours des courbes de 190 mètres produit des effets désastreux pour la voie et le matériel. C'est moins à la remonte, où la vitesse est faible, où les véhicules sont distants les uns des autres, que ces effets se montrent, c'est principalement à la descente, où la vitesse est grande, les véhicules appuyés les uns contre les autres, le mouvement rotatif des roues ralenti, suspendu quelquefois par les freins et transformé, en tout ou en partie, en mouvement de glissement.

Les dépenses considérables et les inconvénients de ces courbes de 190 mètres sont tels que la compagnie a, pour la traversée des Alpes par le Brenner, entre Inspruck et Brixen (ligne de Vienne à Vérone), limité le rayon minima des courbes à 316 mètres (1,000 pieds autrichiens). Cette ligne, aujourd'hui presque achevée, a une longueur totale de 88 kil., et le développement des courbes de 316 mètres y est de 14,400 mètres, soit 16,6 p. 0/0. Ce tracé est donc bien supérieur sous ce rapport à celui du Semmering.

Enfin la même compagnie, obligée par son acte de concession d'exécuter un chemin de fer d'Œdembourg à Kanizza, qui permettra d'éviter le Semmering moyennant un allongement de 55 kil., a l'intention de diriger tout son trafic par cette ligne, bien qu'elle ne puisse appliquer son tarif sur ces 55 kil. aux marchandises allant de Vienne à Trieste et réciproquement. Aucun fait plus significatif ne s'est produit encore sur l'importance qu'il y a de mettre en rapport le rayon des courbes avec le matériel.

Le rayon minimum de 300 mètres est adopté pour la traversée des Pyrénées sur des inclinaisons de 15 millimètres et sur le chemin de Bilbao ; celui de 400 mètres sur des inclinaisons semblables pour la traversée du Guadarrama. Celui de 700 mètres est adopté pour le chemin de fer de Montrejeau à Tarbes sur l'inclinaison de 32 millimètres, dont la longueur est de 8,101 mètres.

Il y a une relation entre les inclinaisons et les courbes à raison de l'emploi du matériel actuel et de l'accroissement de résistance à la traction qu'il rencontre dans les courbes. Une grande partie de l'accroissement de résistance disparaît avec l'emploi du matériel américain et surtout du matériel articulé ; mais, l'usage exclusif du matériel ordinaire étant donné, cette condition ne semble pas permettre de descendre le rayon des courbes au-dessous de 300 mètres. Cette condition semble même plus rigoureuse encore pour les véhicules que pour les machines ; car les locomotives peuvent toujours s'adapter aux exigences locales de la voie, tandis que l'interdiction du transbordement interdit toute modification locale du matériel.

Les ingénieurs qui ont étudié le plus les chemins de montagnes et qui ont dû s'enquérir avec le plus de soin de la question qui nous occupe l'ont résolue ainsi. Nous avons vu que M. Michel, ingénieur des ponts et chaussées, auquel on doit la pensée et l'exécution de la traversée des Alpes par le Brenner, a limité le rayon minimum des courbes à 316 mètres. Or, quelques années avant, et quand les faits que nous avons signalés sur le Semmering commençaient à se produire, cet ingénieur, étudiant la traversée des Alpes par le Luckmanier, a fait un projet remarquable dans lequel le rayon minimum des courbes est de 275 mètres et les inclinaisons de 30 millimètres; il est même à présumer que si ce projet était aujourd'hui exécuté avec l'obligation d'y appliquer le matériel actuel, l'ingénieur porterait ce rayon minimum à 316 mètres, comme il vient de le faire pour la traversée par le Brenner.

Il ne faut pas oublier que l'adoption d'un rayon minimum de 300 mètres peut élever du simple au double, au triple, et au delà même, la dépense d'exécution d'un chemin de fer à courbes de 200 et de 100 mètres. Mais dans ces conditions l'ingénieur compare; et si l'exécution d'un tracé à courbes comportant l'usage du matériel actuel est au delà des forces financières dont il est possible de disposer, il doit se décider à l'emploi d'un matériel spécial et réduire le rayon des courbes au minimum compatible avec l'usage de ce matériel.

Note C. — *La voie des chemins de fer est-elle susceptible de résister à l'augmentation de travail qu'elle subit?*

L'échange des renseignements utiles à l'étude des questions techniques relatives à l'entretien du matériel et de la voie est bien plus facile en France qu'à l'étranger, d'abord parce qu'on y comprend bien que cet échange est une source de progrès, et puis, parce que le soin apporté à réunir les éléments statistiques y est mieux entendu. Mais lorsqu'une question surgit et que les faits susceptibles de l'éclairer n'ont pas encore été recueillis, ou qu'ils l'ont été à un point de vue en dehors de la question même, il est très-difficile de trouver dans la statistique des éléments exacts d'appréciation.

La question de la détérioration de la voie et du renouvellement des rails, qui intéresse de plus en plus les capitaux engagés dans les chemins de fer, est l'objet de l'attention continue des ingénieurs. On s'en aperçoit au progrès très-marqué dans le choix des moyens par lesquels cette destruction incessante est combattue. La somme de notions, résultat de l'expérience personnelle que donne à l'ingénieur la spécialité de son service, dépasse de beaucoup tout ce qui se trouve à cet égard dans les livres et les mémoires, et rien n'est plus intéressant que de chercher à démêler le point vers lequel convergent ces esprits expérimentés pour fermer cette plaie toujours béante du renouvellement périodique de la voie, et pour lutter contre l'instabilité progressive résultant de la mobilité même des éléments qui la composent. Nul ne peut nier les soins apportés dans les écoulements d'eau, le choix du ballast, la forme et la dimension des traverses, la forme et l'attache des coussinets, la jonction des rails, etc. Il est également évident que la voie devient plus résistante, plus homogène, plus douce, qu'elle ménage mieux le matériel roulant et qu'elle-même dure plus longtemps; mais il est également évident que *son travail* s'accroît dans d'énormes proportions. Cet accroissement de travail n'est pas particulier à la France; l'Allemagne nous avait précédés, elle nous a plus tard suivis dans la construction des locomotives de grande puissance; aujourd'hui l'Angleterre entre dans la voie, et l'un de ses ingénieurs les plus distingués, directeur du matériel d'une grande ligne, arme de cylindres les tenders de ses fortes machines, pour profiter de toute l'adhérence du poids du moteur et de ses approvisionnements.

D'un autre côté le nombre des trains rapides qui éprouvent si sérieusement la voie tend à s'accroître avec le trafic; DE TELLE SORTE QU'ON APERÇOIT DISTINCTEMENT UNE AUGMENTATION DE FATIGUE POUR LA VOIE ET, AUSSI DISTINCTEMENT, SA FAIBLESSE RELATIVE.

Bien des solutions surgiront avec le temps pour établir l'équilibre; mais comme elles seront sans aucun doute aidées par un examen attentif des effets du contact des bandages avec les rails, nous avons appelé l'attention sur ce point. Il importe, en effet, autant à l'ingénieur du matériel de connaître le mode de détérioration de la voie, qu'à l'ingénieur de la voie de savoir comment les bandages s'altèrent et se détruisent. Le premier a un grand intérêt à l'extrême dureté des bandages; il cherche chaque jour à l'accroître : que fera le second pour donner à la voie des qualités correspondantes à celle des bandages?

La question n'est assurément pas nouvelle, elle est depuis longtemps méditée, élaborée, mais peut-être isolément. Elle n'était pas posée. Il nous a semblé utile de faire ressortir plus apparemment le lien qui unit la voie au matériel, certain que les faits qui se rattachent à l'une et à l'autre seraient mieux appréciés par leur rapprochement que dans leur isolement.

Nous avons dit, et nous tenons à répéter, que l'ensemble des renseignements que nous avons recueillis ne constitue réellement que l'ébauche du fait très-saillant de l'usure rapide des bandages correspondant à la lenteur de l'usure du rail; d'une marche plus égale dans la destruction du bandage et du rail, l'un par la déformation, l'autre par la disjonction et la chute par fragments. C'est là que le côté faible de la voie est apparent. Le remède est-il dans l'adoption d'un rail plus fort, mieux fabriqué, d'une forme présentant plus de table? C'est pour la solution de cette question que nous avons cherché à recueillir un ordre de faits enfouis dans la statistique. Ceux qui concernent le rapport entre le renouvellement des voies et l'importance du trafic ne nous ont encore permis que des appréciations très-vagues. Nous avons été plus heureux en ce qui concerne l'usure des bandages; néanmoins nous nous sommes trouvé en présence de certaines discordances dans les résultats qui nous étaient fournis, et nous avons dû chercher à les expliquer.

Nous signalerons particulièrement le fait suivant :

Le nombre des rafraîchissages ou retournages des bandages de wagon est, à parcours égal, près de moitié moindre au chemin de fer d'Orléans que sur les lignes d'égale importance comme trafic, où le nombre des opérations du même genre a pu être recueilli; cela vient de l'habitude prise par M. Polonceau et continuée par M. Forquenot, d'employer à ces bandages un fer aciéreux de qualité supérieure.

L'intérêt qui s'attache à ce résultat s'explique assez par les conséquences qui en ont pu résulter pour la voie. Il y a là le terme d'une comparaison utile.

La question n'est donc qu'engagée : elle touche à de trop graves intérêts et elle est en elle-même un problème trop intéressant pour ne pas être incessamment l'objet des études de l'ingénieur.

Note D. — *Détails complémentaires sur l'usure des bandages.*

Croyant à l'impossibilité d'arriver à un résultat exact en opérant sur l'ensemble des bandages en service, l'ingénieur du matériel et de la traction d'une de nos grandes lignes a restreint ses observations aux bandages arrivés à un état d'usure complète. Il en consigne les résultats dans le tableau suivant :

NOMBRE des BANDAGES.	NATURE DES BANDAGES.	PARCOURS MOYEN en kilomètres		USURE moyenne par 1000 kilomètres.
		pour l'usure complète.	entre deux retournages.	
12	Acier. — Allevard..............	297.107km	59.500km	0m/m110
30	Acier. — Pétin-Gaudet..........	266.498	53.300	0 .136
2	Fer. — Diétrich-au-bois, 1re qualité.	198.454	39.700	0 .166
2	Fer. — Montataire d°......	196.846	39.400	0 .157
Total 46	Moyennes........	268.496km	53.700km	0 .131

« Le parcours moyen, entre deux tournages, a été obtenu en supposant que les bandages avaient été tournés quatre fois en moyenne, hypothèse qui ne peut s'éloigner beaucoup de la vérité. Toutefois l'usure moyenne, par kilomètre, est un point de comparaison beaucoup plus sûr et plus exact.

« En cherchant la confirmation de ces résultats dans ceux fournis par d'autres bandages non usés et encore en service, voici les chiffres trouvés :

NATURE DES BANDAGES.	USURE MOYENNE par 1000 kilomètres.	
	BANDAGES complétement usés.	BANDAGES encore en service.
Acier. — Allevard........................	0m/m110	0m/m061
Acier. — Pétin-Gaudet......................	0 .136	0 .071
Acier. — Diétrich et Montataire...............	0 .161	0 .130
Acier fondu............................	»	0 .062

« La différence qui résulte de cette comparaison, à l'avantage des bandages en service, tient à ce que l'usure de ces bandages n'est pas augmentée, comme pour ceux complétement usés, de la matière perdue au tournage; et ensuite à la dureté décroissante du métal, à mesure de son amincissement. On remarque toutefois que les chiffres de la seconde colonne, quoique inférieurs à ceux de la première, sont à peu près proportionnels à ceux-ci pour chaque nature de métal, et, dans ce sens, ils confirment l'exactitude des résultats obtenus. »

Nous faisons suivre cette opinion par celle qu'exprime sur le même sujet l'ingénieur du matériel et de la traction d'une ligne de premier ordre.

« On peut estimer de 6 à 8 millimètres l'épaisseur que les bandages perdent à chaque rafraîchissage, mais le poids qui est enlevé n'est pas celui qui correspond à cette épaisseur; je ne crois pas beaucoup m'éloigner de la vérité en l'élevant aux 2/3 du poids théorique. Cette évaluation est plutôt faible que trop forte. »

Enfin nous avons reçu, du chef du matériel d'une grande ligne étrangère, les détails suivants qui ont de l'intérêt :

Nous avons sur nos machines des bandages en acier Krupp et des bandages en fer.

Nos roues couplées pour machines mixtes ont de diamètre.......... 1^m,68

Les roues de supports et celles de machines à marchandises ont...... 1^m,30

Les roues de tenders ont.............................. 1^m,20

Les roues de wagons.................................. 1^m,00

L'épaisseur des bandages pour machines et pour tenders est de :

0^m,060, quand ils sont en fer,

0^m,045, quand ils sont en acier.

Les bandages pour wagons ont 0^m,055.

Les bandages passent sur le tour quand le roulement a déterminé sur leur circonférence un creux maximum de 7 millimètres, qu'en général ils atteignent après un parcours de 40 à 41,000 kilomètres.

Le parcours effectué entre deux retournages est, pour les roues de wagons, d'environ 35,000 kilomètres.

Les bandages sont retirés du service lorsque leur épaisseur ne laisse plus de sécurité contre l'écrasement et que les boulons ne conservent plus une tête suffisamment longue; cette épaisseur minimum variant suivant la qualité du bandage et la nature des véhicules, est ainsi déterminée :

Pour roues couplées de machines, de................ 30 à 25 millimètres.

Pour roues de supports et de tenders, de............ 25 à 20 —

Pour roues de wagons, de........................ 20 à 15 —

On peut donc conclure, d'après ce qui précède, que les bandages arrivent à leur limite extrême comme suit :

Les roues de machines, après quatre rafraîchissages correspondant à un parcours total de cent soixante mille kilomètres; les roues de tenders après quatre rafraîchissages correspondant à un parcours total de cent quarante-cinq mille kilomètres; différence avec celui des roues de machines à peu près proportionnelle à celle du développement des circonférences.

Les roues de wagons, quatre rafraîchissages correspondant à un parcours total de cent quarante mille kilomètres.

Paris. — P.-A. BOURDIER et Cie, rue Mazarine, 30.
Imprimeurs de la Société des Ingénieurs civils.

MÉMOIRES

ET

COMPTE-RENDU DES TRAVAUX

DE LA

SOCIÉTÉ

DES

INGÉNIEURS CIVILS

FONDÉE LE 4 MARS 1848

RECONNUE D'UTILITÉ PUBLIQUE PAR DÉCRET IMPÉRIAL DU 22 DÉCEMBRE 1860

Cette publication paraît tous les trois mois par volume grand in-8, avec figures dans le texte et planches.

On s'abonne chez EUGÈNE LACROIX, libraire de la Société
15, QUAI MALAQUAIS, A PARIS

Prix de l'abonnement : 20 francs par an

Paris. — Imprimerie de P.-A. Bourdier et Cie, rue Mazarine, 30.